国家出版基金项目
NATIONAL PUBLICATION FOUNDATION

"十三五"国家重点
出版物出版规划项目

战 略 前 沿 新 材 料
——石墨烯出版工程
丛书总主编　刘忠范

石墨烯生物技术

段小洁 编著

Biomedical Applications
of Graphene

GRAPHENE

16

华东理工大学出版社
EAST CHINA UNIVERSITY OF SCIENCE AND TECHNOLOGY PRESS

·上海·

上海高校服务国家重大战略出版工程资助项目

图书在版编目（CIP）数据

石墨烯生物技术 / 段小洁编著. —上海：华东理
工大学出版社，2021.6
战略前沿新材料——石墨烯出版工程 / 刘忠范总主
编
ISBN 978 - 7 - 5628 - 6412 - 7

Ⅰ.①石… Ⅱ.①段… Ⅲ.①石墨-纳米材料-生物
工程 Ⅳ.①TB383

中国版本图书馆 CIP 数据核字（2020）第 252768 号

内容提要

本书全面地介绍了石墨烯生物医学应用的进展，全书共九章。首先简单介绍了石墨烯及其性质，其次对石墨烯基材料在电化学生物传感器、神经接口器件、生物成像、药物与基因递送、生物组织工程、肿瘤光热治疗、抗菌材料等方面的应用进行了系统性阐述，最后对石墨烯生物安全性方面的研究进行了综述。

本书可作为高等学校材料相关专业本科高年级学生、研究生的学习用书，以及教师、科技工作者和企业专业技术人员的参考书，尤其对从事石墨烯材料研究的科研人员将具有很好的指导意义。

项目统筹 / 周永斌　马夫娇

责任编辑 / 韩　婷

装帧设计 / 周伟伟

出版发行 / 华东理工大学出版社有限公司
　　　　　　地址：上海市梅陇路 130 号,200237
　　　　　　电话：021 - 64250306
　　　　　　网址：www.ecustpress.cn
　　　　　　邮箱：zongbianban@ecustpress.cn

印　　刷 / 上海雅昌艺术印刷有限公司

开　　本 / 710 mm×1000 mm　1/16

印　　张 / 14

字　　数 / 223 千字

版　　次 / 2021 年 6 月第 1 版

印　　次 / 2021 年 6 月第 1 次

定　　价 / 198.00 元

总序 一

2004 年，英国曼彻斯特大学物理学家安德烈·海姆（Andre Geim）和康斯坦丁·诺沃肖洛夫（Konstantin Novoselov）用透明胶带剥离法成功地从石墨中剥离出石墨烯，并表征了它的性质。仅过了六年，这两位师徒科学家就因"研究二维材料石墨烯的开创性实验"荣摘 2010 年诺贝尔物理学奖，这在诺贝尔授奖史上是比较迅速的。他们向世界展示了量子物理学的奇妙，他们的研究成果不仅引发了一场电子材料革命，而且还将极大地促进汽车、飞机和航天工业等的发展。

从零维的富勒烯、一维的碳纳米管，到二维的石墨烯及三维的石墨和金刚石，石墨烯的发现使碳材料家族变得更趋完整。作为一种新型二维纳米碳材料，石墨烯自诞生之日起就备受瞩目，并迅速吸引了世界范围内的广泛关注，激发了广大科研人员的研究兴趣。被誉为"新材料之王"的石墨烯，是目前已知最薄、最坚硬、导电性和导热性最好的材料，其优异性能一方面激发人们的研究热情，另一方面也掀起了应用开发和产业化的浪潮。石墨烯在复合材料、储能、导电油墨、智能涂料、可穿戴设备、新能源汽车、橡胶和大健康产业等方面有着广泛的应用前景。在当前新一轮产业升级和科技革命大背景下，新材料产业必将成为未来高新技术产业发展的基石和先导，从而对全球经济、科技、环境等各个领域的

发展产生深刻影响。中国是石墨资源大国,也是石墨烯研究和应用开发最活跃的国家,已成为全球石墨烯行业发展最强有力的推动力量,在全球石墨烯市场上占据主导地位。

作为 21 世纪的战略性前沿新材料,石墨烯在中国经过十余年的发展,无论在科学研究还是产业化方面都取得了可喜的成绩,但与此同时也面临一些瓶颈和挑战。如何实现石墨烯的可控、宏量制备,如何开发石墨烯的功能和拓展其应用领域,是我国石墨烯产业发展面临的共性问题和关键科学问题。在这一形势背景下,为了推动我国石墨烯新材料的理论基础研究和产业应用水平提升到一个新的高度,完善石墨烯产业发展体系及在多领域实现规模化应用,促进我国石墨烯科学技术领域研究体系建设、学科发展及专业人才队伍建设和人才培养,一套大部头的精品力作诞生了。北京石墨烯研究院院长、北京大学教授刘忠范院士领衔策划了这套"战略前沿新材料——石墨烯出版工程",共 22 分册,从石墨烯的基本性质与表征技术、石墨烯的制备技术和计量标准、石墨烯的分类应用、石墨烯的发展现状报告和石墨烯科普知识等五大部分系统梳理石墨烯全产业链知识。丛书内容设置点面结合、布局合理,编写思路清晰、重点明确,以期探索石墨烯基础研究新高地、追踪石墨烯行业发展、反映石墨烯领域重大创新、展现石墨烯领域自主知识产权成果,为我国战略前沿新材料重大规划提供决策参考。

参与这套丛书策划及编写工作的专家、学者来自国内二十余所高校、科研院所及相关企业,他们站在国家高度和学术前沿,以严谨的治学精神对石墨烯研究成果进行整理、归纳、总结,以出版时代精品作为目标。丛书展示给读者完善的科学理论、精准的文献数据、丰富的实验案例,对石墨烯基础理论研究和产业技术升级具有重要指导意义,并引导广大科技工作者进一步探索、研究,突破更多石墨烯专业技术难题。相信,这套丛书必将成为石墨烯出版领域的标杆。

尤其让我感到欣慰和感激的是,这套丛书被列入"十三五"国家重点出版物出版规划,并得到了国家出版基金的大力支持,我要向参与丛书编写工作的所有

同仁和华东理工大学出版社表示感谢,正是有了你们在各自专业领域中的倾情奉献和互相配合,才使得这套高水准的学术专著能够顺利出版问世。

最后,作为这套丛书的编委会顾问成员,我在此积极向广大读者推荐这套丛书。

中国科学院院士

刘云圻

2020 年 4 月于中国科学院化学研究所

总序 二

"战略前沿新材料——石墨烯出版工程"：
一套集石墨烯之大成的丛书

2010 年 10 月 5 日,我在宝岛台湾参加海峡两岸新型碳材料研讨会并作了"石墨烯的制备与应用探索"的大会邀请报告,数小时之后就收到了对每一位从事石墨烯研究与开发的工作者来说都十分激动的消息:2010 年度的诺贝尔物理学奖授予英国曼彻斯特大学的 Andre Geim 和 Konstantin Novoselov 教授,以表彰他们在石墨烯领域的开创性实验研究。

碳元素应该是人类已知的最神奇的元素了,我们每个人时时刻刻都离不开它:我们用的燃料全是含碳的物质,吃的多为碳水化合物,呼出的是二氧化碳。不仅如此,在自然界中纯碳主要以两种形式存在:石墨和金刚石,石墨成就了中国书法,而金刚石则是美好爱情与幸福婚姻的象征。自 20 世纪 80 年代初以来,碳一次又一次给人类带来惊喜:80 年代伊始,科学家们采用化学气相沉积方法在温和的条件下生长出金刚石单晶与薄膜;1985 年,英国萨塞克斯大学的 Kroto 与美国莱斯大学的 Smalley 和 Curl 合作,发现了具有完美结构的富勒烯,并于 1996 年获得了诺贝尔化学奖;1991 年,日本 NEC 公司的 Iijima 观察到由碳组成的管状纳米结构并正式提出了碳纳米管的概念,大大推动了纳米科技的发展,并于 2008 年获得了卡弗里纳米科学奖;2004 年,Geim 与当时他的博士研究生 Novoselov 等人采用粘胶带剥离石墨的方法获得了石墨烯材料,迅速激发了科学

界的研究热情。事实上，人类对石墨烯结构并不陌生，石墨烯是由单层碳原子构成的二维蜂窝状结构，是构成其他维数形式碳材料的基本单元，因此关于石墨烯结构的工作可追溯到20世纪40年代的理论研究。1947年，Wallace首次计算了石墨烯的电子结构，并且发现其具有奇特的线性色散关系。自此，石墨烯作为理论模型，被广泛用于描述碳材料的结构与性能，但人们尚未把石墨烯本身也作为一种材料来进行研究与开发。

石墨烯材料甫一出现即备受各领域人士关注，迅速成为新材料、凝聚态物理等领域的"高富帅"，并超过了碳家族里已很活跃的两个明星材料——富勒烯和碳纳米管，这主要归因于以下三大理由。一是石墨烯的制备方法相对而言非常简单。Geim等人采用了一种简单、有效的机械剥离方法，用粘胶带撕裂即可从石墨晶体中分离出高质量的多层甚至单层石墨烯。随后科学家们采用类似原理发明了"自上而下"的剥离方法制备石墨烯及其衍生物，如氧化石墨烯；或采用类似制备碳纳米管的化学气相沉积方法"自下而上"生长出单层及多层石墨烯。二是石墨烯具有许多独特、优异的物理、化学性质，如无质量的狄拉克费米子、量子霍尔效应、双极性电场效应、极高的载流子浓度和迁移率、亚微米尺度的弹道输运特性，以及超大比表面积，极高的热导率、透光率、弹性模量和强度。最后，特别是由于石墨烯具有上述众多优异的性质，使它有潜力在信息、能源、航空、航天、可穿戴电子、智慧健康等许多领域获得重要应用，包括但不限于用于新型动力电池、高效散热膜、透明触摸屏、超灵敏传感器、智能玻璃、低损耗光纤、高频晶体管、防弹衣、轻质高强航空航天材料、可穿戴设备，等等。

因其最为简单和完美的二维晶体、无质量的费米子特性、优异的性能和广阔的应用前景，石墨烯给学术界和工业界带来了极大的想象空间，有可能催生许多技术领域的突破。世界主要国家均高度重视发展石墨烯，众多高校、科研机构和公司致力于石墨烯的基础研究及应用开发，期待取得重大的科学突破和市场价值。中国更是不甘人后，是世界上石墨烯研究和应用开发最为活跃的国家，拥有一支非常庞大的石墨烯研究与开发队伍，位居世界第一。有关统计数据显示，无

论是正式发表的石墨烯相关学术论文的数量、中国申请和授权的石墨烯相关专利的数量,还是中国拥有的从事石墨烯相关的企业数量以及石墨烯产品的规模与种类,都远远超过其他任何一个国家。然而,尽管石墨烯的研究与开发已十六载,我们仍然面临着一系列重要挑战,特别是高质量石墨烯的可控规模制备与不可替代应用的开拓。

十六年来,全世界许多国家在石墨烯领域投入了巨大的人力、物力、财力进行研究、开发和产业化,在制备技术、物性调控、结构构建、应用开拓、分析检测、标准制定等诸多方面都取得了长足的进步,形成了丰富的知识宝库。虽有一些有关石墨烯的中文书籍陆续问世,但尚无人对这一知识宝库进行全面、系统的总结、分析并结集出版,以指导我国石墨烯研究与应用的可持续发展。为此,我国石墨烯研究领域的主要开拓者及我国石墨烯发展的重要推动者、北京大学教授、北京石墨烯研究院创院院长刘忠范院士亲自策划并担任总主编,主持编撰"战略前沿新材料——石墨烯出版工程"这套丛书,实为幸事。该丛书由石墨烯的基本性质与表征技术、石墨烯的制备技术和计量标准、石墨烯的分类应用、石墨烯的发展现状报告、石墨烯科普知识等五大部分共 22 分册构成,由刘忠范院士、张锦院士等一批在石墨烯研究、应用开发、检测与标准、平台建设、产业发展等方面的知名专家执笔撰写,对石墨烯进行了 360° 的全面检视,不仅很好地总结了石墨烯领域的国内外最新研究进展,包括作者们多年辛勤耕耘的研究积累与心得,系统介绍了石墨烯这一新材料的产业化现状与发展前景,而且还包括了全球石墨烯产业报告和中国石墨烯产业报告。特别是为了更好地让公众对石墨烯有正确的认识和理解,刘忠范院士还率先垂范,亲自撰写了《有问必答:石墨烯的魅力》这一科普分册,可谓匠心独具、运思良苦,成为该丛书的一大特色。我对他们在百忙之中能够完成这一巨制甚为敬佩,并相信他们的贡献必将对中国乃至世界石墨烯领域的发展起到重要推动作用。

刘忠范院士一直强调"制备决定石墨烯的未来",我在此也呼应一下:"石墨烯的未来源于应用"。我衷心期望这套丛书能帮助我们发明、发展出高质量石墨

烯的制备技术,帮助我们开拓出石墨烯的"杀手锏"应用领域,经过政产学研用的通力合作,使石墨烯这一结构最为简单但性能最为优异的碳家族的最新成员成为支撑人类发展的神奇材料。

中国科学院院士

成会明,2020 年 4 月于深圳

清华大学,清华－伯克利深圳学院,深圳

中国科学院金属研究所,沈阳材料科学国家研究中心,沈阳

丛书前言

　　石墨烯是碳的同素异形体大家族的又一个传奇,也是当今横跨学术界和产业界的超级明星,几乎到了家喻户晓、妇孺皆知的程度。当然,石墨烯是当之无愧的。作为由单层碳原子构成的蜂窝状二维原子晶体材料,石墨烯拥有无与伦比的特性。理论上讲,它是导电性和导热性最好的材料,也是理想的轻质高强材料。正因如此,一经问世便吸引了全球范围的关注。石墨烯有可能创造一个全新的产业,石墨烯产业将成为未来全球高科技产业竞争的高地,这一点已经成为国内外学术界和产业界的共识。

　　石墨烯的历史并不长。从 2004 年 10 月 22 日,安德烈·海姆和他的弟子康斯坦丁·诺沃肖洛夫在美国 *Science* 期刊上发表第一篇石墨烯热点文章至今,只有十六个年头。需要指出的是,关于石墨烯的前期研究积淀很多,时间跨度近六十年。因此不能简单地讲,石墨烯是 2004 年发现的、发现者是安德烈·海姆和康斯坦丁·诺沃肖洛夫。但是,两位科学家对"石墨烯热"的开创性贡献是毋庸置疑的,他们首次成功地研究了真正的"石墨烯材料"的独特性质,而且用的是简单的透明胶带剥离法。这种获取石墨烯的实验方法使得更多的科学家有机会开展相关研究,从而引发了持续至今的石墨烯研究热潮。2010 年 10 月 5 日,两位拓荒者荣获诺贝尔物理学奖,距离其发表的第一篇石墨烯论文仅仅六年时间。

"构成地球上所有已知生命基础的碳元素,又一次惊动了世界",瑞典皇家科学院当年发表的诺贝尔奖新闻稿如是说。

从科学家手中的实验样品,到走进百姓生活的石墨烯商品,石墨烯新材料产业的前进步伐无疑是史上最快的。欧洲是石墨烯新材料的发源地,欧洲人也希望成为石墨烯新材料产业的领跑者。一个重要的举措是启动"欧盟石墨烯旗舰计划",从 2013 年起,每年投资一亿欧元,连续十年,通过科学家、工程师和企业家的接力合作,加速石墨烯新材料的产业化进程。英国曼彻斯特大学是石墨烯新材料呱呱坠地的场所,也是世界上最早成立石墨烯专门研究机构的地方。2015 年 3 月,英国国家石墨烯研究院(NGI)在曼彻斯特大学启航;2018 年 12 月,曼彻斯特大学又成立了石墨烯工程创新中心(GEIC)。动作频频,基础与应用并举,矢志充当石墨烯产业的领头羊角色。当然,石墨烯新材料产业的竞争是激烈的,美国和日本不甘其后,韩国和新加坡也是志在必得。据不完全统计,全世界已有 179 个国家或地区加入了石墨烯研究和产业竞争之列。

中国的石墨烯研究起步很早,基本上与世界同步。全国拥有理工科院系的高等院校,绝大多数都或多或少地开展着石墨烯研究。作为科技创新的国家队,中国科学院所辖遍及全国的科研院所也是如此。凭借着全球最大规模的石墨烯研究队伍及其旺盛的创新活力,从 2011 年起,中国学者贡献的石墨烯相关学术论文总数就高居全球榜首,且呈遥遥领先之势。截至 2020 年 3 月,来自中国大陆的石墨烯论文总数为 101913 篇,全球占比达到 33.2%。需要强调的是,这种领先不仅仅体现在统计数字上,其中不乏创新性和引领性的成果,超洁净石墨烯、超级石墨烯玻璃、烯碳光纤就是典型的例子。

中国对石墨烯产业的关注完全与世界同步,行动上甚至更为迅速。统计数据显示,早在 2010 年,正式工商注册的开展石墨烯相关业务的企业就高达 1778 家。截至 2020 年 2 月,这个数字跃升到 12090 家。对石墨烯高新技术产业来说,知识产权的争夺自然是十分激烈的。进入 21 世纪以来,知识产权问题受到国人前所未有的重视,这一点在石墨烯新材料领域得到了充分的体现。截至 2018 年

底,全球石墨烯相关的专利申请总数为 69315 件,其中来自中国大陆的专利高达 47397 件,占比 68.4%,可谓是独占鳌头。因此,从统计数据上看,中国的石墨烯研究与产业化进程无疑是引领世界的。当然,不可否认的是,统计数字只能反映一部分现实,也会掩盖一些重要的"真实",当然这一点不仅仅限于石墨烯新材料领域。

中国的"石墨烯热"已经持续了近十年,甚至到了狂热的程度,这是全球其他国家和地区少见的。尤其在前几年的"石墨烯淘金热"巅峰时期,全国各地争相建设"石墨烯产业园""石墨烯小镇""石墨烯产业创新中心",甚至在乡镇上都建起了石墨烯研究院,可谓是"烯流滚滚",真有点像当年的"大炼钢铁运动"。客观地讲,中国的石墨烯产业推进速度是全球最快的,既有的产业大军规模也是全球最大的,甚至吸引了包括两位石墨烯诺贝尔奖得主在内的众多来自海外的"淘金者"。同样不可否认的是,中国的石墨烯产业发展也存在着一些不健康的因素,一哄而上,遍地开花,导致大量的简单重复建设和低水平竞争。以石墨烯材料生产为例,2018 年粉体材料年产能达到 5100 吨,CVD 薄膜年产能达到 650 万平方米,比其他国家和地区的总和还多,实际上已经出现了产能过剩问题。2017 年 1 月 30 日,笔者接受澎湃新闻采访时,明确表达了对中国石墨烯产业发展现状的担忧,随后很快得到习近平总书记的高度关注和批示。有关部门根据习总书记的指示,做了全国范围的石墨烯产业发展现状普查。三年后的现在,应该说情况有所改变,随着人们对石墨烯新材料的认识不断深入,以及从实验室到市场的产业化实践,中国的"石墨烯热"有所降温,人们也渐趋冷静下来。

这套大部头的石墨烯丛书就是在这样一个背景下诞生的。从 2004 年至今,已经有了近十六年的历史沉淀。无论是石墨烯的基础研究,还是石墨烯材料的产业化实践,人们都有了更多的一手材料,更有可能对石墨烯材料有一个全方位的、科学的、理性的认识。总结历史,是为了更好地走向未来。对于新兴的石墨烯产业来说,这套丛书出版的意义也是不言而喻的。事实上,国内外已经出版了数十部石墨烯相关书籍,其中不乏经典性著作。本丛书的定位有所不同,希望能

够全面总结石墨烯相关的知识积累,反映石墨烯领域的国内外最新研究进展,展示石墨烯新材料的产业化现状与发展前景,尤其希望能够充分体现国人对石墨烯领域的贡献。本丛书从策划到完成前后花了近五年时间,堪称马拉松工程,如果没有华东理工大学出版社项目团队的创意、执着和巨大的耐心,这套丛书的问世是不可想象的。他们的不达目的决不罢休的坚持感动了笔者,让笔者承担起了这项光荣而艰巨的任务。而这种执着的精神也贯穿整个丛书编写的始终,融入每位作者的写作行动中,把好质量关,做出精品,留下精品。

本丛书共包括 22 分册,执笔作者 20 余位,都是石墨烯领域的权威人物、一线专家或从事石墨烯标准计量工作和产业分析的专家。因此,可以从源头上保障丛书的专业性和权威性。丛书分五大部分,囊括了从石墨烯的基本性质和表征技术,到石墨烯材料的制备方法及其在不同领域的应用,以及石墨烯产品的计量检测标准等全方位的知识总结。同时,两份最新的产业研究报告详细阐述了世界各国的石墨烯产业发展现状和未来发展趋势。除此之外,丛书还为广大石墨烯迷们提供了一份科普读物《有问必答:石墨烯的魅力》,针对广泛征集到的石墨烯相关问题答疑解惑,去伪求真。各分册具体内容和执笔分工如下:01 分册,石墨烯的结构与基本性质(刘开辉);02 分册,石墨烯表征技术(张锦);03 分册,石墨烯基材料的拉曼光谱研究(谭平恒);04 分册,石墨烯制备技术(彭海琳);05分册,石墨烯的化学气相沉积生长方法(刘忠范);06 分册,粉体石墨烯材料的制备方法(李永峰);07 分册,石墨烯材料质量技术基础:计量(任玲玲);08 分册,石墨烯电化学储能技术(杨全红);09 分册,石墨烯超级电容器(阮殿波);10 分册,石墨烯微电子与光电子器件(陈弘达);11 分册,石墨烯透明导电薄膜与柔性光电器件(史浩飞);12 分册,石墨烯膜材料与环保应用(朱宏伟);13 分册,石墨烯基传感器件(孙立涛);14 分册,石墨烯宏观材料及应用(高超);15 分册,石墨烯复合材料(杨程);16 分册,石墨烯生物技术(段小洁);17 分册,石墨烯化学与组装技术(曲良体);18 分册,功能化石墨烯材料及应用(智林杰);19 分册,石墨烯粉体材料:从基础研究到工业应用(侯士峰);20 分册,全球石墨烯产业研究报告

（李义春）；21 分册，中国石墨烯产业研究报告（周静）；22 分册，有问必答：石墨烯的魅力（刘忠范）。

　　本丛书的内容涵盖石墨烯新材料的方方面面，每个分册也相对独立，具有很强的系统性、知识性、专业性和即时性，凝聚着各位作者的研究心得、智慧和心血，供不同需求的广大读者参考使用。希望丛书的出版对中国的石墨烯研究和中国石墨烯产业的健康发展有所助益。借此丛书成稿付梓之际，对各位作者的辛勤付出表示真诚的感谢。同时，对华东理工大学出版社自始至终的全力投入表示崇高的敬意和诚挚的谢意。由于时间、水平等因素所限，丛书难免存在诸多不足，恳请广大读者批评指正。

2020 年 3 月于墨园

前　言

　　自 2004 年被英国曼彻斯特大学安德烈·海姆（Andre Geim）和康斯坦丁·诺沃肖洛夫（Konstantin Novoselov）利用胶带从块体石墨中成功剥离出以来，石墨烯在世界范围内掀起了研究热潮。石墨烯是一种由单层碳原子构成的六方点阵蜂窝状的二维原子晶体，属于碳的同素异形体之一，其拥有其他材料难以媲美的光、电、磁、力、热等性质，被认为是 21 世纪的明星材料。近年来，人们在石墨烯材料的合成制备、物性表征、各种器件研究方面做了大量的研究工作，推动了人们对石墨烯这一新材料的认识。

　　生命健康是人们追求的永恒主题。2020 年新型冠状病毒（2019‑nCoV）的爆发，更是引起了人们对科技创新造福人类生命健康的重视。碳是组成生物体的最基本元素，石墨烯作为一种碳材料，其在生物医学应用中有很多优势。石墨烯的优异光电性质使得其在柔性生物传感器、神经接口医疗物联网方面有广阔的应用前景，同时，其可以与各种光、热、磁性材料，甚至各种药物分子和生物活性分子复合，从而用于生物医学成像、药物与基因递送以及光热治疗法等。石墨烯还可以作为细胞培养的基底、组织工程三维细胞支架，用于再生医学。另外，石墨烯展现出来的抗菌、抗炎等性质，还使得其在抗菌和防护产品中有潜在的应用价值。需要指出的是，尽管在很多方面展示了优势和应用前景，石墨烯材料的生物医学应用研究还处于起始阶段，关于石墨烯的生物安全性还没有得到令人信服的充分评估。发展基于石墨烯材料的生物技术，仍然任重而道远。

　　本书的主要目的是为读者较全面地介绍石墨烯生物医学应用的进展，全书共九章。首先简单介绍了石墨烯及其性质，其次对石墨烯基材料在电化学生物传感器、神经接口器件、生物成像、药物与基因递送、生物组织工程、肿瘤光热治

疗、抗菌材料等方面的应用进行了系统性阐述，最后对石墨烯生物安全性方面的研究进行了综述。

本书由笔者和数位博士、硕士生共同完成。具体分工如下：第 1 章，张菁；第 2 章，孟雪娟；第 3 章，赵思源；第 4 章，李根；第 5 章，魏诗媛、刘杨；第 6 章，刘小军；第 7 章，刘杨、楚芳冰；第 8 章，付雪峰；第 9 章，徐政。全书由笔者负责统稿、再加工和审校。

石墨烯生物技术是个学科高度交叉的领域，涉及的内容非常广泛，由于作者水平所限，书中难免存在诸多不足，恳请广大读者批评指正。

段小洁

2020 年 6 月于燕园

目 录

第 1 章

石墨烯及石墨烯基
材料简介

石墨烯材料独特的理化性质使其在生物技术、生物医药、生物工程、疾病诊断和治疗中取得了广泛的应用。石墨烯是构成其他石墨材料的基本单元，理想的石墨烯结构是平面六边形点阵，可以看作是一层被剥离的石墨分子，是一种由单层碳原子构成的二维晶体材料。石墨烯比表面积大，活性位点多，可调节其表面结构和性质以形成各类石墨烯基材料。广义上的石墨烯材料包括本征石墨烯、氧化石墨烯（Graphene Oxide，GO）、还原氧化石墨烯（reduced Graphene Oxide，rGO）、掺杂石墨烯和化学修饰石墨烯等[1]。

1.1　石墨烯结构

2004 年，英国曼彻斯特大学的两位科学家安德烈·海姆（Andre Geim）和康斯坦丁·诺沃肖洛夫（Konstantin Novoselov）第一次从高定向热解石墨（Highly Oriented Pyrolytic Graphite，HOPG）中分离出了单层石墨烯，即一种仅由单层碳原子组成的二维晶体材料[2]。至此，石墨烯登上了历史的舞台，并迅速在材料科学、物理、化学、电子信息甚至生命医学等多个领域及其交叉领域掀起一股研究热潮。

石墨烯是碳的一种同素异形体，碳原子组成六元环并按照蜂巢结构周期性排布，构成了石墨烯独特的二维原子晶体结构。单层石墨烯是目前世界上已知的最薄的晶体材料，其厚度为单层碳原子的厚度——0.335 nm[3]。同时石墨烯还是构成其他碳材料的基础，如图 1-1 所示，石墨烯垛叠组成了石墨，卷曲组成了碳纳米管，包团则形成了富勒烯，因此对石墨烯结构及其相关性质的研究在整个碳材料领域具有十分重要的意义。

碳原子包含四个价电子，因此碳原子之间常见的成键方式包括 sp 杂化、sp^2 杂化及 sp^3 杂化等。石墨烯由碳原子通过 sp^2 杂化键合而成，其中每个碳原子通

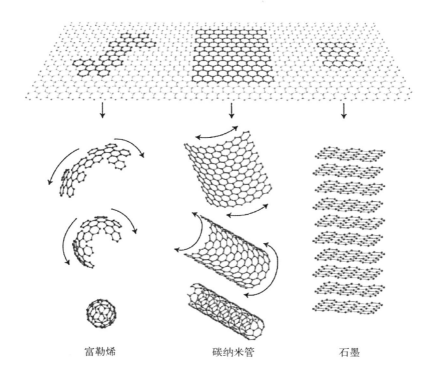

图 1-1 石墨烯构建多种碳材料示意图[3]

富勒烯   碳纳米管   石墨

过键长为 0.14 nm 的 C—C σ 键与相邻的其他三个碳原子相连,最后剩余的一个电子位于法线方向上的 p_z 轨道,与相邻原子共同构成了共轭大 π 键[3]。石墨烯独特的六元环蜂巢结构使其在面对外力作用时可以通过轻微形变产生缓冲效果,从而保证石墨烯二维晶体结构的稳定性。

1.2　石墨烯特性

稳定的六边形平面结构赋予石墨烯优异的力学性质,石墨烯是目前已知的最坚固的材料。石墨烯的杨氏模量高达 1.1 TPa,其极限强度高达 42 N/m²,在与单层石墨烯相同厚度的前提下,钢的二维极限强度仅为理想石墨烯极限强度的百分之一。但由于宏观材料存在晶界和缺陷,因此所得实验值略低于理论值[4]。

石墨烯拥有独特的能带结构。如图 1-2 所示,石墨烯价带和导带部分重叠

于费米能级处,在第一布里渊区的六个顶点(K 和 K^+)处相交,因此石墨烯是一种零带隙的二维半导体材料,也被称为半金属材料,载流子可无散射在亚微米距离内运动[5]。其中,石墨烯价带和导带的交点称为狄拉克点[6],石墨烯的电子和空穴称为狄拉克费米子[7]。

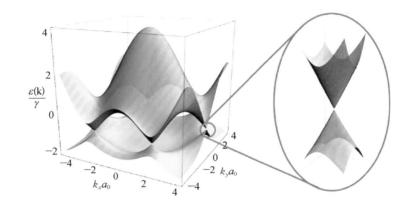

石墨烯独特的能带结构赋予石墨烯丰富的电学、光学和热学性质。石墨烯是截至目前发现的常温下电阻率最小的材料[8],其内部电子传输具有极强的抗干扰能力,载流子迁移率相较于硅要高很多,有研究表明低温悬浮的石墨烯电子迁移率可接近 200000 cm²/(V·s)[9]。此外石墨烯还具有诸如双极性电场效应、室温下的量子霍尔效应等电学特征[10]。石墨烯的光学性质也与其线性的能带结构息息相关,相比于其他纳米材料,石墨烯在可见光波段表现出稳定的透光性(透光率高达 97.7%),且在近红外区域有较强的光吸收[11]。另外,室温下单层石墨烯的热导率可达 5000 W/(m·K),该热导率优于很多其他物质。

1.3　石墨烯的制备方法

早在 1975 年已有课题组开始了合成单层石墨烯的初步尝试,Lang 等[13]通过在单晶铂衬底上热分解碳源(乙烯)得到了石墨片层。然而由于得到的材料性质不均一,并且当时的研究者未能意识到这一材料的重要价值,这一热解过程并

没有得到更深入的研究。经过长时间研究停滞后，1999 年才再次出现了探究石墨烯合成的零星报道[14]。直到 2004 年，Novoselov 等[2]因发现石墨烯并探索出通过重复机械剥离法制备石墨烯而得到广泛赞誉，石墨烯开始受到持续关注，越来越多的研究人员加入该领域，并致力于研发出可以高效合成大面积、高质量石墨烯的新工艺。如图 1-3 所示，常见的石墨烯的合成工艺有微机械剥离法、碳化硅热解外延生长法、化学气相沉积（Chemical Vapor Deposition，CVD）法、有机合成法及溶剂剥离法等。

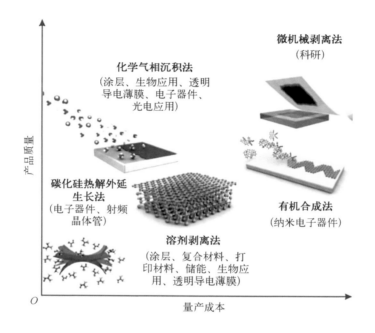

图 1-3　常见的石墨烯合成工艺[15]

1.3.1　微机械剥离法

石墨是由许多石墨烯片层通过范德瓦耳斯力堆叠在一起形成的。因此，原则上如果可以破坏石墨片层之间的作用力，就可以从高纯度石墨中分离出石墨烯。微机械剥离法即通过对石墨施加机械力，从而将单层或少层石墨烯纳米片层从石墨晶体上剥离出来。最初 Viculis 等[16]使用金属钾嵌入纯石墨片，然后在乙醇中超声处理，将其剥离形成碳片层的分散体。透射电子显微镜（Transmission

Electron Microscope，TEM)分析显示每个碳片层中存在(40±15)层石墨烯。尽管这些碳片层比少层石墨烯厚得多,但该方法证明了从石墨中剥离石墨烯的可行性。该方案仍需要很多改进才能最终得到少层石墨烯。Novoselov 等花费了近 20 个月找到了解决方案,通过重复机械剥离得到了少层石墨烯甚至单层石墨烯。他们用透明胶带将高定向热解石墨晶体按压到二氧化硅基片表面,并反复进行该步骤实现多次剥离,最终首次得到了单层石墨烯,也由此证明了常温下二维晶体结构可以稳定存在[2]。该技术后来被用于制备许多其他材料的二维原子晶体,包括 BN、MoS₂ 等[17]。这种生产石墨烯片的过程非常简易且可靠,引起了科学界的广泛关注。随后有研究者在原始工艺基础上,通过改进高定向热解石墨在硅衬底上的键合使剥离过程更可控,从而制备出更大面积(约 100 μm²)的石墨烯片层[18]。另有研究者通过将石墨块黏合到硼硅酸盐玻璃上剥离,在基底上留下单层或几层石墨烯,制备了毫米级尺寸的单层至少层石墨烯[19]。微机械剥离法具有操作简单,得到的石墨烯样品杂质少、品质高等优势,但是该方法效率低下,制作成本偏高,虽然有很多工作努力提高微机械剥离法获得的石墨烯样品尺寸,但到目前为止成效有限,且无法控制石墨烯层数,以上缺陷均限制了该方法用于石墨烯的工业化量产。

1.3.2 碳化硅热解外延生长法

碳化硅热解外延生长是将 6H-SiC 单晶表面上的 Si 热分解后生成石墨烯的技术。当 6H-SiC 表面经过 H₂ 刻蚀后,加热至 1250～1450℃(1～20 min)时,硅原子蒸发脱离表面,剩余的碳原子重排生成石墨烯片[20]。碳化硅热解外延生长的石墨烯通常为 1～3 层,层数取决于分解温度,这种制备工艺得到的石墨烯质量较高,已经吸引了工业界特别是半导体产业的关注[20]。然而,在实现工业化量产之前仍需要解决控制石墨烯层数、实现可重复的大面积石墨烯生长等一系列问题。此外 6H-SiC 晶体价格昂贵,且石墨烯片层很难从 6H-SiC 表面分离出来,6H-SiC 基底的存在同时也影响了石墨烯本征的导电性质,同样限制了该工艺的工业应用。

1.3.3　化学气相沉积法

通过化学气相沉积法合成石墨烯是一种相对较新的工艺，2006 年才首次出现了由 CVD 法合成平面少层石墨烯的报道[21]，这项工作使用天然、环保、低成本的前驱体——樟脑作为碳源，在 Ni 箔上合成石墨烯。以氩气作为载气，樟脑首先在 180℃蒸发，随后在 700～850℃下热解，自然冷却至室温后，在 Ni 箔上能观察到少量的石墨烯片[21]，这项研究为石墨烯合成开辟了一条全新的工艺路线，具有重要意义。然而，与机械剥离的样品相比，CVD 法生长的石墨烯普遍存在结构缺陷（包括晶界、点缺陷和褶皱），且实验室生产的石墨烯尺寸尚无法满足大规模工业化应用的需求。因此生产大面积、高质量石墨烯，将石墨烯的实验室研究同其工业化生产应用相结合是目前亟待解决的关键问题。目前国内外很多研究组都致力于优化 CVD 法，通过控制石墨烯生产条件（如工艺、设备和关键参数），从而实现更好地控制石墨烯的主要结构特征，并以工业应用为导向，有效提高石墨烯的性能，如面电阻、透明度和稳定性等。Xu[22]等将 CVD 法生长石墨烯时用到的多晶铜衬底置于氧化物衬底上，使反应中的活性氧浓度提高，从而有效促进了甲烷的催化分解，使石墨烯单晶的生长速度得到了极大的提升，高达 $60~\mu m/s$，为高效可控生长单晶石墨烯提供了新的可能。Deng[23]等通过研究铜晶面上石墨烯应力释放行为以及褶皱形成过程，发现铜基底的晶面取向是影响石墨烯褶皱缺陷形成的重要因素，并基于该发现通过磁控溅射首先制备出 4 英寸① Cu(111)单晶基底，随后在其上通过常压 CVD 法生长出了晶元尺寸无皱单晶石墨烯。Zhang[24]等通过无胶洁净转移制备出超洁净石墨烯悬空大单晶薄膜，成功避免了 CVD 法生长的石墨烯从金属基底转移到目标基底过程产生的褶皱缺陷、污染和破损等一系列问题。

1.3.4　有机合成法

石墨烯还可以通过有机化学合成原理制备，即通过"自下而上"的方法从小

---

① 1 英寸＝2.54 厘米。

分子前驱体合成石墨烯。常见的有机合成法主要有两种：传统液相合成法及金属表面辅助合成法。上述两种方法通常由设计小分子前驱体出发，偶联反应高分子化，通过关环反应实现共轭石墨化结构等基本过程来实现。

2010年，Fasel研究组和Müllen研究组通过自下而上的有机合成路线，设计生产出了具有不同高精确拓扑结构和宽度的石墨烯纳米带[25]。该合成路线具有普适性，得到的石墨烯纳米带的拓扑结构、宽度和边缘结构由前驱体结构决定。通过设计前驱体结构可以高精度制备结构丰富的石墨烯纳米带，从而得到具有不同的电子特性及化学特性的石墨烯。

有机合成法具有能够高精度控制材料结构的优点，但同时也存在合成效率低、畴区尺寸有限且溶解度低等一系列问题，解决方法包括：开发出一步形成大量C—C键的高效化学方法，提高生产效率；改善低溶解度问题，提高所得石墨烯材料的可加工性。

1.3.5　溶剂剥离法

溶剂剥离法是一种将石墨或氧化石墨分散于有机溶剂中，利用有机溶剂插入石墨中以减弱石墨烯层与层之间的范德瓦耳斯力，同时在超声辅助下，层层剥离最终得到石墨烯的方法。起初Stankovich等[26]利用氧化石墨的疏水性将其分散在溶液中，得到其悬浮液，并通过超声处理得到脱落的氧化石墨纳米片层，随后将该产物置于肼水合物中，100℃加热条件下还原24 h，可以得到部分还原的剥离纳米氧化石墨片。该工作初步探索了通过溶剂剥离生产石墨烯的可能性，基于这一工作，Hernandez等[27]提出了一种生产单层或少层石墨烯的新方法，通过在 N-甲基吡咯烷酮中分散纯石墨并超声，单层石墨烯的产率最高可达12%。该方法可以成功是因为：将石墨剥离成单层石墨烯所需的作用力与溶剂-石墨烯相互作用相当，且溶剂具有与石墨烯相似的表面能。这种基于有机溶剂的石墨烯剥离方法有望实现石墨烯的大规模量产，目前已经有许多类似的尝试，用石墨或氧化石墨粉在不同的有机溶剂中生产石墨烯。

溶剂剥离法制备石墨烯展现出石墨烯大规模量产的良好前景，然而，由于氧

化和还原过程,该方法得到的剥离产物通常具有较大的结构缺陷,导致石墨烯的电学性能差别很大。未来的技术改进需要集中精力控制层数和最小化杂质水平等。

1.4 石墨烯基材料

独特的分子结构和能带结构使石墨烯拥有诸多优越的理化性质,包括优异的机械、电学、光学性质,大比表面积以及化学稳定性。基于这些优越的理化性质,石墨烯在新能源、生物医学、环境处理、光电催化、微电子器件等方面均具有广阔的应用前景。为了使其更加适应不同的应用环境,近年来研究者在保留石墨烯优越理化性质的前提下研发出多种多样的石墨烯基材料。石墨烯基材料是以石墨烯或石墨作为原材料获得的,通过共价和非共价功能化、掺杂得到的石墨烯衍生物,如氧化石墨烯、还原氧化石墨烯、石墨烯量子点(Graphene Quantum Dot,GQD)、掺杂石墨烯、负载其他纳米材料或高分子形成的石墨烯基复合材料、功能化修饰石墨烯等。不同的石墨烯基材料的结构如图 1-4 所示。

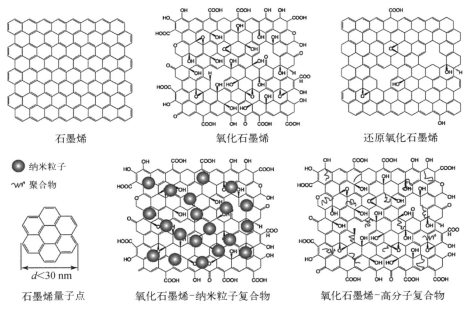

图 1-4 不同的石墨烯基材料[28]

石墨烯　　　　　氧化石墨烯　　　　　还原氧化石墨烯

● 纳米粒子
～ 聚合物

石墨烯量子点　　氧化石墨烯-纳米粒子复合物　　氧化石墨烯-高分子复合物

石墨烯生物技术

1.4.1　氧化石墨烯、还原氧化石墨烯、石墨烯量子点

　　氧化石墨烯是石墨烯的氧化形态,其中含有大量的含氧官能团,包括环氧基团、羟基和羧基。这些含氧官能团中,大部分是位于表面的羟基和环氧基,还有少量的羧基、羰基、苯酚、内酯分布在片层的边缘。羟基和环氧基团可以与其他基团形成氢键,羧基在溶液中具有负的表面电荷和稳定性。因此,氧化石墨烯在水和其他极性溶液中分散良好。此外,由于未改性石墨烯的表面有疏水的离域大 π 键,因而氧化石墨烯具有两亲性,可以作为表面活性剂。更重要的是,氧化石墨烯的这些活性含氧官能团可以被进一步地化学功能化,使得氧化石墨烯成为装载生物分子的理想平台,这也是其被大量应用于生物医用领域的关键因素。尽管活性含氧官能团增加了石墨烯在溶液中的稳定性及其化学反应性,但是一定程度上也改变了石墨烯的力学、电学和热学性质。

　　还原氧化石墨烯是通过去除氧化石墨烯的含氧官能团得到的。采用热处理、紫外处理,或使用肼、抗坏血酸等还原剂进行化学处理,均可以恢复氧化石墨烯的共轭结构形成还原氧化石墨烯。尽管与氧化石墨烯相比,还原氧化石墨烯含氧量低、表面电荷少、表面亲水性官能团少,但它可以通过非共价作用(包括 $\pi - \pi$ 堆积和范德瓦耳斯相互作用)物理吸附聚合物和小分子。各种研究表明,还原氧化石墨烯具有优异的生物相容性,适用于细胞培养、生物传感、组织工程等生物医学领域。

　　石墨烯量子点和纳米还原氧化石墨烯(Nano-rGO)指的是横向尺寸小于 30 nm 的单层或少层(小于 10 层)石墨烯和还原氧化石墨烯。由于强量子约束效应和边界效应,石墨烯量子点显示出强烈的光致发光特性,其荧光特性可通过控制其尺寸、形状、缺陷和功能化来进一步调整。与此同时,石墨烯量子点显示出良好的生物相容性,被广泛应用于生物传感、细胞成像、药物递送和光动力治疗。

1.4.2　功能化修饰石墨烯

　　原始的石墨烯结构完整,在水溶液中溶解度低,凝聚或堆叠倾向高,与其他

小分子和聚合物之间的相互作用较弱,因而限制了其在生物医学领域的应用。因此在实际的应用中需要对石墨烯进行化学修饰以调节石墨烯的性质。与此同时,关于石墨烯毒性讨论的热度一直居高不下,石墨烯的毒性与其表面的功能化密切相关,石墨烯衍生物可通过功能化修饰,降低石墨烯的细胞毒性,提升其生物相容性。

目前,功能化修饰石墨烯的方法主要有两种——共价修饰法和非共价修饰法。常见的共价修饰法具体如下。首先用硝酸、硫酸、高锰酸钾等处理石墨烯,在石墨烯基材料上引入氧化官能团,包括分布在石墨烯主平面上的羟基、环氧基和分布在石墨烯片层边缘的羧基、羰基、苯酚、内酯,并利用这些活性基团与其他化学分子反应,从而对石墨烯表面进行功能化修饰。处理得到的氧化石墨烯可以与一系列高水溶性和高生物相容性的聚合物通过共价连接的方式复合,包括聚乙二醇［Poly（ethylene glycol），PEG］、聚乙烯醇［Poly（vinyl alcohol），PVA］、聚乙烯亚胺［Poly（ethylene imine），PEI］、聚（ N -异丙基丙烯酰胺）［Poly（ N -isopropylacrylamide），PNIPAM］、聚癸二酸酐（Polysebacic Polyanhydride，PSPA）、壳聚糖、两亲共聚物、氨基基团和磺酸基团等[29],但这种方法通常会部分破坏石墨烯的共轭结构。利用这种修饰方法,Veca 等用聚乙烯醇和氧化石墨烯进行酯化反应,获得了聚乙烯醇功能化的石墨烯基材料[30],该功能化石墨烯基材料在水及其他极性溶剂中均表现出良好的溶解性;Shan 等通过共价功能化修饰将聚 L -赖氨酸修饰在石墨烯表面,得到水溶性好、生物相容性极佳的石墨烯复合物[31],聚 L -赖氨酸上的众多氨基基团使得该石墨烯复合材料能够与多种生物活性分子进行化学反应,为该石墨烯复合物进一步的生物应用(如生物标记、生物传感等)提供了更多可能。

非共价修饰法通过 π - π 相互作用、范德瓦耳斯力、疏水作用和氢键对石墨烯表面进行物理吸附和聚合物包裹等,从而提高石墨烯的分散性。石墨烯基材料可以与表面活性剂或两亲分子等化合物非共价结合,提高疏水物质在生理溶液中的溶解度[29],例如吐温、泊洛沙姆 F127 等。除此之外,蛋白质、核酸等也均被报道过成功与石墨烯复合[32]。由于非共价修饰操作简单,且最大限度地保留了石墨烯原有的原子和电子结构,目前已成为最常规的功能性修饰方法。通过非共价修饰法,

Chen 等利用 π-π 堆叠以及氢键将石墨烯与含多芳香环的大分子组装在一起,成功在石墨烯表面高效地修饰上抗肿瘤药物阿霉素(Doxorubicin,DOX)[33],研究表明该功能化石墨烯药物负载量远高于其他药物载体,且可通过调节 pH 来改变药物与石墨烯之间的氢键强度,以实现负载药物的可控释放。此外,Patil 等利用单链 DNA 跟石墨烯片层的相互作用,制备了 DNA 修饰的石墨烯片层堆叠结构,DNA 修饰大大提高了石墨烯片层在水中的溶解度,利用静电作用,实现了细胞色素在 DNA 修饰的石墨烯片层结构中的插入[34],展现了石墨烯基材料在诸如基因药物靶向治疗等诸多生物医学领域中的应用前景。

图 1-5 描述了聚乙二醇、壳聚糖等部分化合物与石墨烯基材料的复合方式[35]。

图 1-5 功能化修饰石墨烯实例[35]

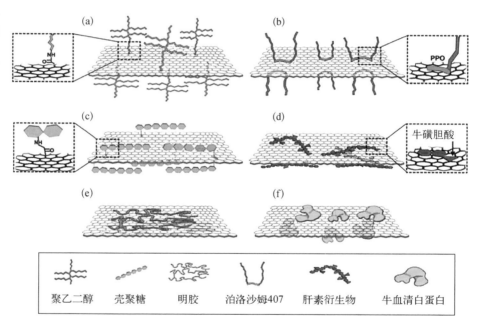

1.4.3 掺杂石墨烯

掺杂是半导体工业中调节半导体光学、电学、磁学特性最常用的方法之一。本征石墨烯的零带隙特征在某种程度上限制了其在电子领域的应用,通过掺杂

的方式在一定范围内调节石墨烯带隙一直是该领域中的研究热点。目前,石墨烯中掺杂的杂原子通常与碳原子大小相近,常见的杂原子有氮原子、硼原子、磷原子等。将杂原子引入石墨烯晶格中可以改变石墨烯的能带结构,通过调节带隙可以调控石墨烯的金属性和半导体性,这在生物传感器件等众多领域研究中均有重要意义。基于氮掺杂石墨烯,有工作报道了一种新型葡萄糖生物传感器,在干扰环境中其监测灵敏度仍然高达 0.01 mmol/L[36]。此外还有研究组研究了硼和氮掺杂石墨烯在气体传感器方面的应用,掺杂原子的引入使石墨烯表面形成缺陷,缺陷石墨烯表现出对 CO、NO、NO_2 等气体极高的吸附能力,其中硼掺杂的石墨烯可以同 NH_3 紧密结合,这使得硼掺杂石墨烯气体传感器的灵敏度比本征石墨烯高出两个数量级[36]。

1.4.4　石墨烯基复合材料

石墨烯的比表面积大,活性位点较多,相比于常用的负载材料——碳纳米管,石墨烯可以更高效地负载纳米颗粒,且石墨烯本身具有优异的导电、导热和力学性质,石墨烯基复合物也成了近年来的研究重点。

（1）金属/石墨烯基复合材料

石墨烯负载贵金属纳米颗粒广泛应用于燃料电池、传感器和超级电容器领域。生物医学领域中有报道采用明胶作为还原剂和稳定剂,在室温下合成了由银纳米柱修饰的氧化石墨烯片,该材料对哺乳动物细胞毒性小,同时具有高效的抗菌能力,是一种颇有前景的生物抗菌材料[37]。

（2）金属氧化物/石墨烯基复合材料

相较于贵金属纳米颗粒,金属氧化物/石墨烯基复合物涉及的金属氧化物价格更加低廉且来源广泛,因此得到了更广泛的关注。由于金属氧化物相对于贵金属分散困难,所以相较于本征石墨烯,氧化石墨烯的亲水性使其更适合作为载体材料负载活泼的金属氧化物颗粒。生物医学领域中,Yang 等构建了一种聚乙二醇修饰的 Fe_3O_4 – rGO 纳米颗粒复合材料[38]。该材料成功将石墨烯基材料的光热特性和四氧化三铁纳米颗粒的磁性结合在一起,在生物成像(包括磁共振成

像、荧光成像等)领域有广阔的应用前景。

1.5 石墨烯及石墨烯基材料的生物应用

随着材料科学的发展,越来越多的纳米材料应用于生物医学领域,其中石墨烯及石墨烯基材料正取得越来越多的关注,被广泛应用于抗菌、药物递送、组织工程及生物传感等多个领域,拥有非常广阔的发展前景,其独特的生物应用特性包括比表面积大,电学、光学及机械性质优异,在今后生物技术的发展中至关重要(图 1-6)。

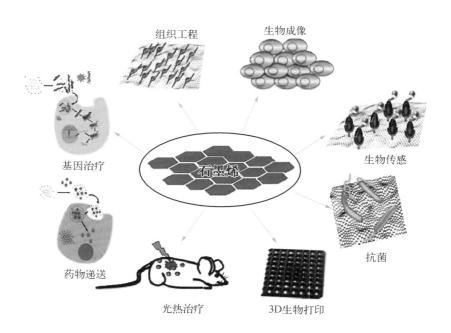

1.5.1 大比表面积

石墨烯是一种独特的纳米材料,理想状态下的石墨烯仅由碳单原子层构成,比表面积非常大,约为 2630 m²/g,比大多数纳米材料大一个数量级以上,巨大的比

表面积使得石墨烯基材料具有极高的载药能力,有报道称 GO 具有 235% 的载药量[40],而其他纳米材料(如聚合物胶束和脂质体)的载药量则通常低于 10%[41]。

此外在电化学生物传感器的应用中,石墨烯基材料有充足的机会与不同形态、不同结构的生物物质相互作用,且能够在表面负载大量的活性物质,从而有效促进电化学反应中的电子传输,提高了检测的速度和灵敏度。相比之下,其他很多纳米材料只有少量原子暴露在表面,基于其制备的生物传感器的信号转导效率相比于石墨烯基材料传感器就有所逊色。

1.5.2　独特的表面性质

石墨烯的芳香多环结构及高度离域化的 π 电子可以通过 π-π 堆积将其他含芳香环结构的分子如 DNA、蛋白质吸附在石墨烯表面,且石墨烯表面疏水,使得磷脂等带非极性链的两亲分子同样可以吸附到其表面,因此石墨烯基材料很容易用靶向分子(如抗体等)进行修饰,使其拥有靶向性和选择性。经过修饰的石墨烯基材料亲水性佳,具有较低的细胞毒性,是比较理想的药物载体,特别是在容易降解的基因药物中,该材料已成为非常有潜力的非病毒载药体系[42]。近期有研究组将氧化石墨烯量子点与叶酸官能化的壳聚糖复合,开发了用于靶向治疗癌症的药物递送纳米复合物[43]。石墨烯基材料的抗菌性也被广泛报道,研究表明石墨烯基材料锋锐的边缘对细菌及脂质细胞膜的切割破坏和氧化应激引起的破坏是该材料抗菌的主要原因[44],其中氧化石墨烯和还原氧化石墨烯被认为具有突出的抗菌效果,可用于合成纳米复合物,研发新型抗菌剂。此外石墨烯还具有不通透性,可用于有效地防止金属离子的泄漏,从而避免植入物离子泄漏引起的炎症和器件失效。Zhao 等利用化学气相沉积法,在铜微丝表面制备了高质量石墨烯包覆层,抑制了铜的腐蚀溶解,实现了与磁共振成像高度兼容的神经电极[45]。Prasai 等利用石墨烯涂层抑制了铜和镍的腐蚀速率[46]。An 等通过电泳在不锈钢表面上沉积抗腐蚀的氧化石墨烯涂层[47]。石墨烯的不通透性在提高生物医用材料生物相容性、抗腐蚀性等方面具有重要意义。

1.5.3　独特的光学性质

石墨烯及石墨烯基材料具有在近红外区域强吸收的特性,吸收的光能够转变成热,从而造成局部升温,与此同时生物组织对这一波段几乎没有吸收,因此石墨烯基材料在利用红外线光热治疗疾病方面具有广阔的应用前景[11, 48]。近期有课题组在 GO 表面上利用 π-π 相互作用,负载了天然抗肿瘤药物蟛蜞菊内酯(Wedelolactone,Wed)和吲哚菁绿(Indocyanine Green,ICG),得到了 ICG-Wed-GO,在近红外激光照射下,ICG-Wed-GO 可以有效地吸收光能并将其转换为热量,产生活性氧来消融和破坏肿瘤细胞。该系统实现了协同三效:化学/光热/光动力学治疗,并显示出优异的抗肿瘤效果[49]。

此外石墨烯还具有诱导荧光猝灭的效应,石墨烯与荧光分子结合后发生荧光共振能量转移,造成分子荧光猝灭。Lu 等将荧光标记的单链 DNA 探针通过 π-π 堆积作用吸附于石墨烯氧化物表面时,荧光猝灭;当加入 DNA 靶向分子时,石墨烯氧化物上的单链 DNA 脱离与靶 DNA 结合,荧光分子重新释放荧光[50]。基于这种荧光猝灭特性,石墨烯可以用于制备传感器,检测多种特定 DNA。

1.5.4　优越的电学性质

石墨烯具有优良的导电性,其在室温下具有高费米速度(相当于光速的 1/300)和极高的载流子迁移率[51]。基于其优越的电学性质及机械性质,石墨烯在开发柔性生物传感器方面有广阔的应用前景。2012 年,Lieber 组将传感器中原本的金属部分用多层石墨烯来代替,制备了全碳元素的石墨烯-石墨微型传感器,其良好的生物相容性使其在柔性电子学方面有巨大的应用潜力[52]。2013 年,Heo 等[53]在聚二甲基硅氧烷(Polydimethylsiloxane,PDMS)和聚酰亚胺(Polyimide,PI)之间插入了一定图案化的石墨烯电极,形成了一个具有良好生物相容性的电流刺激器件,可用于慢性脑缺血的治疗。此外,结合石墨烯独特的

光学性质,2015 年,Kuzum 等[54]和 Park 等[55]分别开发出了同时兼容光学成像、光遗传学和电生理记录的石墨烯基透明柔性神经电极。2018 年,Vanegas 等[56]开发了石墨烯基生物传感器用于检测食品变质产生的生物胺,并证明该传感器在复杂的食物基质中具有选择性,相较于传统检测方式,其具有低成本、快速和准确等一系列优势。Afsahi 等[57]开发了一种石墨烯基场效应晶体管生物传感器,并通过石墨烯共价连接的特异性单克隆抗体,实现了特异性、高分辨的寨卡病毒的检测。

1.6　总结与展望

本章阐述了石墨烯基材料的结构特性以及其常见的制备方法。石墨烯稳定的六边形平面结构赋予石墨烯优异的机械性质及化学惰性;独特的能带结构又决定了石墨烯丰富的电学性质和光热性质。目前通过 CVD 法已经能够生长出厘米级尺寸高质量的石墨烯,并能够将其成功转移到硅片、玻璃以及 PDMS 等多种目标基底上。然而为了实现工业化应用仍需要解决大尺寸、高质量生长以及层数控制等诸多问题。

为了适应多种多样的应用场景,近年来研究者在保留石墨烯优越理化性质的前提下研发出多种了石墨烯基材料。常见的石墨烯修饰方法包括共价功能化、非共价功能化以及石墨烯掺杂。此外还可以在石墨烯表面负载纳米颗粒如高分散金属、金属氧化物等,形成功能化石墨烯基复合材料。

石墨烯基材料的大比表面积和优异的表面、光学、电学、化学以及机械性质,使得其在生物医学领域有巨大的应用潜力。目前已有许多关于石墨烯基材料在红外光热治疗、基因/药物递送、生物成像和抗菌等方面应用的报道。此外得益于其优异的电学性质,石墨烯基材料在电生理测量和生物传感领域中的应用也成为一个新兴研究方向,吸引了越来越多的研究者的注意。具体的这些应用,将在后续章节中展开介绍。

参考文献

[1]　Dreyer D R, Ruoff R S, Bielawski C W. From conception to realization: an[①] historial account of graphene and some perspectives for its future [J]. Angewandte Chemie International Edition, 2010, 49: 9336 - 9345.

[2]　Novoselov K S, Geim A K, Morozov S V, et al. Electric field effect in atomically thin carbon films [J]. Science, 2004, 306(5696): 666 - 669.

[3]　Geim A K, Novoselov K S. The rise of graphene[J]. Nature Materials, 2009, 6: 11 - 19.

[4]　Lee C, Wei X D, Kysar J W, et al. Measurement of the elastic properties and intrinsic strength of monolayer graphene [J]. Science, 2008, 321 (5887): 385 - 388.

[5]　Novoselov K S, Geim A K, Morozov S V, et al. Two-dimensional gas of massless Dirac fermions in graphene [J]. Nature, 2005, 438: 197 - 200.

[6]　Slonczewski J C, Weiss P. Band structure of graphite [J]. Physical Review, 1958, 109(2): 272 - 279.

[7]　Semenoff G W. Condensed-matter simulation of a three-dimensional anomaly [J]. Physical Review Letters, 1984, 53(26): 2449 - 2452.

[8]　Zhang Y B, Tan Y W, Stormer H L, et al. Experimental observation of the quantum Hall effect and Berry's phase in graphene [J]. Nature, 2005, 438: 201 - 204.

[9]　Du X, Skachko I, Barker A, et al. Approaching ballistic transport in suspended graphene [J]. Nature Nanotechnology, 2008, 3(8): 491 - 495.

[10]　Novoselov K S, Jiang Z, Zhang Y, et al. Room-temperature quantum Hall effect in graphene [J]. Science, 2007, 315(5817): 1379.

[11]　Yang K, Zhang S, Zhang G X, et al. Graphene in mice: ultrahigh *in vivo* tumor uptake and efficient photothermal therapy [J]. Nano Letters, 2010, 10 (9): 3318 -3323.

[12]　Neto A H C, Guinea F, Peres N M R, et al. The electronic properties of graphene [J]. Reviews of Modern Physics, 2009, 81(1): 109 - 162.

[13]　Lang B. A LEED study of the deposition of carbon on platinum crystal surfaces [J]. Surface Science, 1975, 53(1): 317 - 329.

[14]　Rokuta E, Hasegawa Y, Itoh A, et al. Vibrational spectra of the monolayer films of hexagonal boron nitride and graphite on faceted Ni (755) [J]. Surface Science,

---

①　编辑注: 此处应为 a。

1999，427 - 428：97 - 101.

[15] Novoselov K S，Fal′Ko V I，Colombo L，et al. A roadmap for graphene [J]. Nature，2012，490(7419)：192 - 200.

[16] Viculis L M，Mack J J，Kaner R B. A chemical route to carbon nanoscrolls [J]. Science，2003，299(5611)：1361.

[17] Novoselov K S，Jiang D，Schedin F，et al. Two-dimensional atomic crystals [J]. Proceedings of the National Academy of Sciences，2005，102(30)：10451 - 10453.

[18] Huc V，Bendiab N，Rosman N，et al. Large and flat graphene flakes produced by epoxy bonding and reverse exfoliation of highly oriented pyrolytic graphite [J]. Nanotechnology，2008，19(45)：455601.

[19] Shukla A，Kumar R，Mazher J，et al. Graphene made easy：High quality，large-area samples [J]. Solid State Communications，2009，149(17 - 18)：718 - 721.

[20] Wu Z S，Ren W C，Gao L B，et al. Synthesis of high-quality graphene with a pre-determined number of layers [J]. Carbon，2009，47(2)：493 - 499.

[21] Somani P R，Somani S P，Umeno M. Planer nano-graphenes from camphor by CVD [J]. Chemical Physics Letters，2006，430(1 - 3)：56 - 59.

[22] Xu X Z，Zhang Z H，Qiu L，et al. Ultrafast growth of single-crystal graphene assisted by a continuous oxygen supply [J]. Nature Nanotechnology，2016，11 (11)：930 - 935.

[23] Deng B，Pang Z Q，Chen S L，et al. Wrinkle-free single-crystal graphene wafer grown on strain-engineered substrates [J]. ACS Nano，2017，11 (12)：12337 - 12345.

[24] Zhang J，Lin L，Sun L，et al. Clean transfer of large graphene single crystals for high-intactness suspended membranes and liquid cells [J]. Advanced Materials，2017，29(26)：1700639.

[25] Cai J，Ruffieux P，Jaafar R，et al. Atomically precise bottom-up fabrication of graphene nanoribbons [J]. Nature，2010，466(7305)：470 - 473.

[26] Stankovich S，Dikin D A，Piner R D，et al. Synthesis of graphene-based nanosheets via chemical reduction of exfoliated graphite oxide [J]. Carbon，2007，45(7)：1558 - 1565.

[27] Hernandez Y，Nicolosi V，Lotya M，et al. High yield production of graphene by liquid phase exfoliation of graphite [J]. Nature Nanotechnology，2008，3(9)：563 - 568.

[28] Zhao H，Ding R，Zhao X，et al. Graphene-based nanomaterials for drug and/or gene delivery，bioimaging，and tissue engineering [J]. Drug Discovery Today，2017：1302 - 1317.

[29] Liu J，Cui L，Losic D. Graphene and graphene oxide as new nanocarriers for drug delivery applications [J]. Acta Biomaterialia，2013，9(12)：9243 - 9257.

[30] Veca L M，Lu F S，Meziani M J，et al. Polymer functionalization and solubilization of carbon nanosheets [J]. Chemical Communications，2009(18)：

2565 - 2567.

[31] Shan C S, Yang H F, Han D X, et al. Water-soluble graphene covalently functionalized by biocompatible poly-L-lysine [J]. Langmuir, 2009, 25 (20): 12030 - 12033.

[32] Rana I, Fatemeh M, Fatemeh M. Graphene-based nano-carrier modifications for gene delivery applications [J]. Carbon, 2018, 140: 569 - 591.

[33] Yang X Y, Zhang X Y, Liu Z F, et al. High-efficiency loading and controlled release of doxorubicin hydrochloride on graphene oxide [J]. The Journal of Physical Chemistry C, 2008, 112(45): 17554 - 17558.

[34] Patil A J, Vickery J L, Scott T B, et al. Aqueous stabilization and self-assembly of graphene sheets into layered bio-nanocomposites using DNA [J]. Advanced Materials, 2010, 21(31): 3159 - 3164.

[35] Shim G, Kim M G, Park J Y, et al. Graphene-based nanosheets for delivery of chemotherapeutics and biological drugs [J]. Advanced Drug Delivery Reviews, 2016, 105(B): 205 - 227.

[36] Wang Y, Shao Y Y, Matson D W, et al. Nitrogen-doped graphene and its application in electrochemical biosensing [J]. ACS Nano, 2010, 4(4): 1790 -1798.

[37] Zhang D, Liu X, Wang X. Green synthesis of graphene oxide sheets decorated by silver nanoprisms and their anti-bacterial properties [J]. Journal of Inorganic Biochemistry, 2011, 105(9): 1181 - 1186.

[38] Yang K, Hu L L, Ma X X, et al. Multimodal imaging guided photothermal therapy using functionalized graphene nanosheets anchored with magnetic nanoparticles [J]. Advanced Materials, 2012, 24(14): 1868 - 1872.

[39] Syama S, Mohanan P V. Comprehensive application of graphene: emphasis on biomedical concerns [J]. Nano-Micro Letters, 2019, 11(1): 6 - 36.

[40] Yang X Y, Zhang X Y, Liu Z F, et al. High-Efficiency Loading and Controlled Release of Doxorubicin Hydrochloride on Graphene Oxide [J]. Journal of Physical Chemistry C, 2008, 112(45): 17554 - 17558.

[41] Kim S, Shi Y Z, Kim J Y, et al. Overcoming the barriers in micellar drug delivery: loading efficiency, *in vivo* stability, and micelle-cell interaction [J]. Expert Opinion on Drug Delivery, 2010, 7(1): 49 - 62.

[42] Zhang L, Xia J, Zhao Q, et al. Functional graphene oxide as a nanocarrier for controlled loading and targeted delivery of mixed anticancer drugs [J]. Small, 2010, 6(4): 537 - 544.

[43] De S, Patra K, Ghosh D, et al. Tailoring the efficacy of multifunctional biopolymeric graphene oxide quantum dot-based nanomaterial as Nanocargo in Cancer therapeutic application [J]. ACS Biomaterials Science & Engineering, 2018, 4(2): 514 - 531.

[44] Ji H, Sun H, Qu X. Antibacterial applications of graphene-based nanomaterials: recent achievements and challenges [J]. Advanced Drug Delivery Reviews, 2016,

105(B): 176 - 189.

[45] Zhao S Y, Liu X J, Xu Z, et al. Graphene encapsulated copper microwires as highly MRI compatible neural electrodes [J]. Nano Letters, 2016, 16(12): 7731 - 7738.

[46] Prasai D, Tuberquia J C, Harl R R, et al. Graphene: corrosion-inhibiting coating [J]. ACS Nano, 2012, 6(2): 1102 - 1108.

[47] An S J, Zhu Y W, Lee S H, et al. Thin film fabrication and simultaneous anodic reduction of deposited graphene oxide platelets by electrophoretic deposition [J]. The Journal of Physical Chemistry Letters, 2010, 1(8): 1259 - 1263.

[48] Robinson J T, Tabakman S M, Liang Y Y, et al. Ultrasmall reduced graphene oxide with high near-infrared absorbance for photothermal therapy [J]. Journal of the American Chemical Society, 2011, 133(17): 6825 - 6831.

[49] Zhang X W, Luo L Y, Li L, et al. Trimodal synergistic antitumor drug delivery system based on graphene oxide [J]. Nanomedicine: Nanotechnology, Biology and Medicine, 2019, 15(1): 142 - 152.

[50] Lu C H, Yang H H, Zhu C L, et al. A graphene platform for sensing biomolecules [J]. Angewandte Chemie, 2009, 121(26): 4879 - 4881.

[51] Paul M J, Chang Y C, Thompson Z J, et al. High-field terahertz response of graphene [J]. New Journal of Physics, 2013, 15(8): 085019.

[52] Park J U, Nam S W, Lee M S, et al. Synthesis of monolithic graphene-graphite integrated electronics [J]. Nature Materials, 2011, 11(2): 120 - 125.

[53] Heo C, Lee S Y, Jo A, et al. Flexible, transparent, and noncytotoxic graphene electric field stimulator for effective cerebral blood volume enhancement [J]. ACS Nano, 2013, 7(6): 4869 - 4878.

[54] Kuzum D, Takano H, Shim E, et al. Transparent and flexible low noise graphene electrodes for simultaneous electrophysiology and neuroimaging [J]. Nature Communications, 2014, 5: 5259.

[55] Park D-W, Schendel A A, Mikael S, et al. Graphene-based carbon-layered electrode array technology for neural imaging and optogenetic applications [J]. Nature Communications, 2014, 5: 5258.

[56] Vanegas D, Patiño L, Mendez C, et al. Laser Scribed Graphene Biosensor for Detection of Biogenic Amines in Food Samples Using Locally Sourced Materials [J]. Biosensors, 2018, 8(2): 42 - 68.

[57] Afsahi S, Lerner M B, Goldstein J M, et al. Novel graphene-based biosensor for early detection of Zika virus infection [J]. Biosensors & Bioelectronics, 2018, 100: 85 - 88.

第 2 章

石墨烯光电生物
传感器

2.1　简介

　　石墨烯光电生物传感器是利用石墨烯基光电器件,将生物信号(如小分子、蛋白质、核酸分子,或细胞的含量、种类等)转换为高灵敏度光电信号的一类装置。常见的石墨烯光电生物传感器包括:基于石墨烯电极制备的电化学传感器、以石墨烯为沟道的场效应晶体管传感器、基于石墨烯薄膜的表面等离激元共振传感器。近年来石墨烯光电生物传感器在疾病诊断等方面表现出检测灵敏度高、成本低、便携、操作简单等优势,受到越来越多的关注。

2.2　石墨烯电化学传感器

2.2.1　石墨烯电化学传感器检测原理

　　常用的电化学传感器测量方法有循环伏安(Cyclic Voltammetry,CV)法和电化学阻抗谱(Electrochemical Impedance Spectroscopy,EIS)法。CV 法的工作原理是三电极原理,即工作电极、参比电极和对电极,施加一个扫描速度恒定的线性扫描电压到工作电极上,当达到所设定的回扫电位时,再反向回扫至设定的终止电位,最终得到电势与电流关系图谱。当电压向阳极方向扫描时,电活性物质在阳极上氧化,产生氧化峰;当电压向阴极方向扫描时,氧化的物质被还原,产生还原峰。对于循环伏安法测得的曲线图谱通常用两个重要的参数来传递生物信号:① 阴阳极峰值电流 i_{Pc}、i_{Pa} 及其比值;② 阴阳极峰值电势差值 $|\Delta E_P|$。对于产物稳定的可逆体系,阴阳极峰值电流比值为 1;对于准可逆体系,氧化峰与还原峰比值不同,峰间距也会明显增加;对于完全不可逆体系,逆反应非常迟缓,正向扫描产物来不及反应就扩散到溶液内部,因此在循环伏安曲线上观察不到反向扫描的电流峰值。一般认为峰间距超过 59 mV 时,为不可逆氧化还原反应。

通过这两种参数的表征可以测得溶液中分析物的浓度、分析物在电极表面的活动状态、电子传递速率等。EIS法是指给电化学系统施加一个频率不同的小振幅的交流电势波,测量交流电势与电流信号的比值(该比值即为系统的阻抗)随正弦波频率 ω 的变化,或者是阻抗的相位角 Φ 随 ω 的变化。EIS可提供发生在电极与溶液界面的一些基本信息,如电极表面的吸附与解吸过程、电荷转移速度、离子交换信息等。

石墨烯可以作为电化学传感器的工作电极。石墨烯电极具有较宽的电化学势窗口,在 0.1 mol/L PBS 溶液中可达到 2.5 V,与常见的石墨、玻碳电极、杂化金刚石电极相当[1]。通过 EIS 测得的石墨烯电极电荷转移阻抗要比常规电极(石墨、玻碳)低很多[1]。石墨烯电极在典型的氧化还原系统中,如在 $[Fe(CN)_6]^{3-/4-}$ 和 $[Ru(NH_3)_6]^{3+/2+}$ 溶液中的 CV 扫描展现出了清晰的氧化还原峰,并且氧化还原峰与扫描频率平方根构成很好的线性关系[2]。在单电子转移的氧化还原体系中,石墨烯电极的阴阳极峰值电势差值 $|\Delta E_p|$ 也非常低,在 $[Fe(CN)_6]^{3-/4-}$ 溶液中为 61.5~73 mV(扫描速率为 10 mV/s)[3-4],在 $[Ru(NH_3)_6]^{3+/2+}$ 溶液中为 60~65 mV(扫描速率为 100 mV/s)[5],接近理想电势差(59 mV),这表明石墨烯电极界面的电子转移速率较高。根据 CV 法测得在 $[Ru(NH_3)_6]^{3+/2+}$ 溶液中石墨烯电极的电子转移速率约为 0.18 cm/s,相比玻碳电极(0.055 cm/s),高出了 3 倍多;在 $[Fe(CN)_6]^{3-/4-}$ 溶液中石墨烯电极的电子转移速率约为 0.49 cm/s,相比玻碳电极(0.029 cm/s),高出了约 16 倍。在 $Fe^{3+/2+}$ 溶液中石墨烯电极的电子转移速率也较玻碳电极高出好几个数量级[5]。石墨烯电极的高电子转移速率,主要得益于石墨烯独特的电子结构及电子态密度。

本征石墨烯固定生物分子是比较困难的,氧化石墨烯或还原氧化石墨烯与其他功能性材料(金纳米颗粒、壳聚糖等)可以通过共价键、π-π 堆积作用、物理吸附等结合形成复合材料,进一步可与一些抗原、抗体、固定酶等特异性识别蛋白质结合,提高石墨烯电化学传感器的选择性和灵敏性,使其不仅具有各自材料的性能特点,甚至还会协同作用产生更强的电催化活性,从而提高石墨烯电化学传感器的灵敏度。

2.2.2　石墨烯电化学传感器的应用

作为一种神经递质,多巴胺的浓度水平直接影响着人们的精神健康状况。由于多巴胺与抗坏血酸、尿酸在电化学信号检测中有信号重叠部分,传统的电化学传感器难以实现多巴胺的特异性检测。Shang 等[6]利用微波等离子体增强化学气相沉积法在硅基底上高效合成的多层石墨烯纳米片,该石墨烯纳米片与硅基底垂直形成大量类似于刀片形状的石墨化边缘,同时,该石墨烯纳米片修饰的硅基电极相比传统玻碳电极,显著增加了传感表面积,在$[Fe(CN)_6]^{3-/4-}$溶液的氧化还原系统中表现出了快速的电子转移能力和电催化作用。基于上述优良性能,该石墨烯纳米片修饰的硅基电极在混有多巴胺及其同类物质(如混有抗坏血酸和尿酸的 PBS 溶液)中,可同时探测区分出多巴胺、抗坏血酸及尿酸,并展现出较高的灵敏度和选择性(图 2 - 1)。

图 2 - 1　多巴胺(DA)、抗坏血酸(AA)、尿酸(UA)在石墨烯纳米片修饰的硅基电极(a)和传统玻碳电极(b)上的 CV 扫描曲线[6]

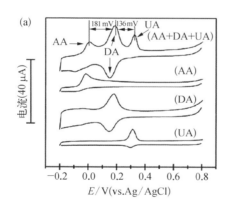
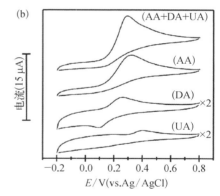

基于石墨烯的电化学传感器在 DNA 检测方面也表现出了灵敏度高、便宜、便携等优点。如 Zhou 等[1]报道的基于还原氧化石墨烯修饰的玻碳电极,结合分析物在该电极表面的电化学响应,可对 DNA 链上的四种碱基进行高灵敏度检测,并可同时检测出单、双链 DNA 上的碱基,实现了对基因组内单核苷酸多态性(Single Nucleotide Polymorphism,SNP)、高信噪比、无须杂化和标记的检测目的(图 2 - 2)。

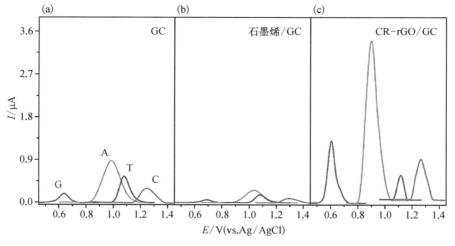

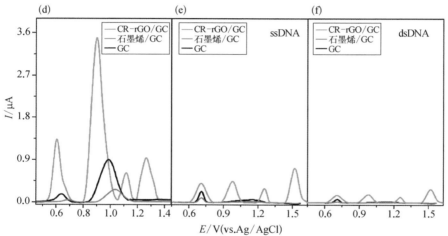

图 2-2 四种碱基在玻碳电极(a)、石墨修饰的玻碳电极(b)、还原氧化石墨烯修饰的玻碳电极(c)上的 CV 图;(d)混合碱基在三种电极上 CV 图的对比;(e)单链 DNA 在三种电极上的 CV 图;(f)双链 DNA 在三种电极上的 CV 图[1]

　　Bonanni 等[7]将发夹 DNA 探针通过 π-π 堆积作用吸附在石墨烯表面,发夹 DNA 探针阻碍了电子的转移,增加了石墨烯电极的电化学阻抗(图 2-3)。若溶液中存在与发夹 DNA 互补的 DNA 链,则由于碱基对的形成和磷酸骨架的屏蔽,发夹 DNA 探针从石墨烯表面释放,恢复了石墨烯电极表面的电子转移,使得阻抗变小。通过这一原理可有效检测到目标 DNA 分子碱基的错位、突变等,这对与很多疾病相关的 DNA 链的单核苷酸多态性检测具有重要意义。

　　血红蛋白在血液循环中负责运输氧气,是血液的重要组成部分。Xu 等[8]将石墨烯与壳聚糖进行混合制成薄膜涂覆在玻碳电极上,一方面壳聚糖可以维持

图 2-3 石墨烯电极及发夹 DNA 探针修饰的石墨烯电极的 EIS 图谱[7]

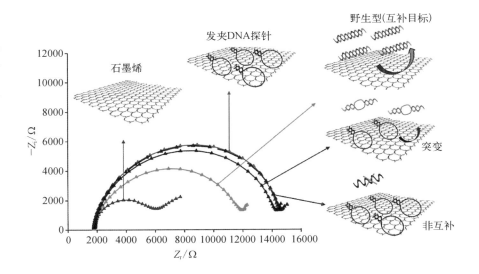

血红蛋白构象和生物活性,另一方面石墨烯的存在不但可以吸附血红蛋白,还可以介导血红蛋白与玻碳电极之间电子的转移,两者协同作用使得血红蛋白对过氧化氢表现出长期稳定的生物电催化活性。Jaberi 等[9]将还原氧化石墨烯与金纳米复合物沉积在石墨薄片电极上,使电极表面形成一种多层状结构,并在该电极表面通过共价结合硫醇化的 DNA 适配体,用来识别血液中的糖化血红蛋白。当糖化血红蛋白与硫醇化的 DNA 适配体结合后,会使电极表面绝缘,从而降低峰电流。基于该石墨烯传感电极可对血液中糖化血红蛋白实现高灵敏度检测,其主要是利用石墨烯材料增加了电极的表面积,提高了电极表面的电子传递速率,从而增强了信号。

烟酰胺腺嘌呤二核苷酸(Nicotinamide Adenine Dinucleotide,NADH)是人体中最重要辅酶之一,在人体的许多氧化还原反应中起着传递电子和质子的作用,研究 NADH 的电化学氧化对了解生命体系的电荷转移有着非常重要的意义。Tang 等[5]研究了 NADH 在还原石墨烯薄片修饰的玻碳(Reduced Graphene Sheet Film-modified Glassy Carbon Electrode,RGSF/GC)电极上的电化学行为。与无修饰的玻碳电极相比,RGSF/GC 电极表面具有堆积的层状石墨烯结构,表现出较快的电子转移动力学特性和良好的电催化活性。NADH 氧化峰电位从玻碳电极上的 0.75 V 降低到 RGSF/GC 电极上的 0.42 V,较低的

氧化电位可防止损失 NADH 的功能性和稳定性。Han 等[10]在玻碳电极上制备并修饰了石墨烯与吡咯喹啉醌(Pyrroloquinoline Quinone,PQQ)自组装复合材料,用于 NADH 的检测,PQQ 与石墨烯在 NADH 电催化氧化过程中有协同作用,大大提高了电子转移速率和电催化活性,相比无修饰的玻碳电极,其氧化电位降低约 260 mV,氧化电流增加 2.5 倍,且修饰后的电极对 NADH 的检测在 0.32～220 μmol/L 内呈现出对浓度良好的线性依赖关系,检测灵敏度高达 0.421 μA/[(μmol/L)·cm²],检出限低至 0.16 μmol/L(信噪比 $S/N=3$)。

胆固醇及其酯是所有动物细胞的基本成分,胆固醇水平的升高会导致危及生命的冠心病、脑血栓和关节硬化,因此准确检测胆固醇水平在医学上是非常重要的。Dey 等[11]将还原氧化石墨烯与铂金纳米颗粒修饰在玻碳电极表面,并在其表面固定胆固醇氧化酶和胆固醇酯酶,制备了一种胆固醇生物传感器。该传感器不但对胆固醇非常敏感、选择性强、响应时间快,而且对胆固醇酯的检测灵敏度高达(2.07±0.1) μA/[(μmol/L)·cm²],检出限低至 0.2 μmol/L。Huang 等[12]通过在金纳米颗粒改性的丝网印刷碳电极(Screen-printed Carbon Electrode,SPE)表面固定胆固醇氧化酶、胆固醇酯酶和氧化石墨烯,设计了一种由 GO 和金纳米颗粒共同作用的酶银沉积的胆固醇生物传感器,将胆固醇与硝酸银混合溶液滴加在该传感器电极表面,胆固醇被水解生成过氧化氢,从而将溶液中的银离子还原成金属银并沉积在传感器电极表面,采用阳极溶出伏安法测定沉积的银,实现了对胆固醇的超灵敏检测。在最佳条件下,银的阳极溶出峰电流随胆固醇浓度的增加而增大,胆固醇浓度为 0.01～5000 μg/mL,检出限为 0.001 μg/mL(信噪比 $S/N=3$)。此外,该超灵敏胆固醇生物传感器具有较高的特异性、可接受的重现性和良好的胆固醇检测回收率。

过氧化氢是细胞内过氧化氢酶的代谢产物,其含量的多少决定着机体的正常运转与否,同时过氧化氢的检测在食品添加和环境检测中也有重要意义。Zhou 等[1]报道了经过 GO 修饰的玻碳电极在检测过氧化氢分子时,相比石墨修饰的玻碳电极和无修饰的玻碳电极,表现出了更高的电催化性质,这是由于 GO 修饰后的电极表面具有高密度面边缘缺陷,增加了电子传输位点。

基于石墨烯的电化学传感器在监测环境中的重金属离子方面也表现出了优

异的特性。如 Li 等[13]将全氟磺酸和石墨烯纳米片的混合物涂覆到玻碳电极上，并结合原位沉积溶液中的铋离子形成铋膜，用来增强电化学传感信号，根据阳极溶出伏安法可高效地检测出溶液中的铅离子（Pb^{2+}）和镉离子（Cd^{2+}）浓度，该传感器的主要优势得益于石墨烯较强的吸附作用、较大的比表面积和优良的导电性。

2.3　石墨烯场效应晶体管传感器

2.3.1　石墨烯场效应晶体管简介

场效应晶体管（Field Effect Transistor，FET）主要由源极、漏极、栅极和半导体沟道组成，它是一种通过输入回路的电压来控制输出电流的器件。通常情况下在场效应晶体管的源极、漏极之间加以恒压，栅极施以电压与源漏电压共同作用来调控沟道的载流子密度，源漏电流随栅压的改变而改变。由于石墨烯具有半导体性质，以石墨烯及还原氧化石墨烯为沟道的场效应晶体管广泛应用于生物检测。

在生物检测应用中，栅压通常是通过外部的 Ag/AgCl 电极来调控溶液中离子的分布及施加石墨烯-溶液界面的双电层的电容，因此栅极也叫液栅（图 2-4）。若溶液中存在分析物或参与化学反应形成的中间产物，在石墨烯沟道表面吸附，会改变沟道实际感受到的栅压，从而影响沟道载流子分布并改变源漏电流。不同浓度的分析物会导致源漏电流变化的不同，从而实现分析物浓度的检测。电活性细胞的放电也可改变栅压以及源漏电流，因此场效应晶体管也可以实现对活体细胞电活动的检测。在石墨烯场效应晶体管中，通常用转导 g_m 与源漏电压 V_{ds} 之比 $g_m/V_{ds} = C/V_{gs}$（C 为电导，V_{gs} 为栅压），即栅压对沟道电导的调控能力来表征传感器的灵敏度。由于源漏电压在检测中通常为不高于

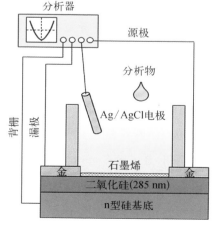

图 2-4　电解质溶液作为栅压的石墨烯场效应晶体管示意图[14]

100 mV 的常压,所以石墨烯场效应晶体管的灵敏度主要决定于转导 g_m 和传感器的噪声水平。

2.3.2 石墨烯场效应晶体管传感器的应用

Ohno 等[15]将免疫球蛋白 E(IgE)的寡核苷酸适配子修饰在石墨烯表面,当溶液中含有 IgE 蛋白时,可与石墨烯表面修饰的 IgE 适配子免疫结合,IgE 蛋白浓度与石墨烯场效应晶体管电导相关,其实现了 IgE 蛋白的无标记检测(图 2-5)。

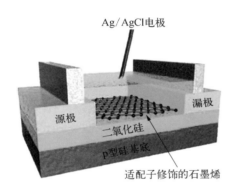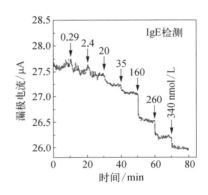

图 2-5 石墨烯场效应晶体管对免疫球蛋白 IgE 的无标记检测[15]

Kim 等[16]采用还原氧化石墨烯作为沟道制备场效应晶体管,来检测前列腺肿瘤标志物,检测原理基于肿瘤标志物与吸附在石墨烯沟道表面的前列腺特异性抗体发生无标特异性免疫反应,导致栅极电压的线性改变,最终导致沟道电流的改变,其检出限可低至 100 fg/mL。Chen 等[17]利用金膜无胶转移得到的单层石墨烯制备场效应晶体管,首先将 DNA 探针溶液在石墨烯沟道表面孵育 16 h 以达到饱和吸附,再加入可与之发生杂交反应的目标 DNA 分子,杂交后的 DNA 分子使得石墨烯沟道为 n 型掺杂,导致栅压电中性位点随着目标分子浓度变化发生不同程度的移动,以此实现无标记 DNA 分子检测,其灵敏度可达 1 pmol/L,远高于多层石墨烯场效应晶体管检测灵敏度(10 pmol/L),并且相对借助聚甲基丙烯酸甲酯(PMMA)转移的石墨烯场效应晶体管,其传感性能提高了约 125%。

　　　　　　　　　　　　　　　　　　　　　　　石墨烯生物技术

Loan 等[18]借助金膜实现了超洁净石墨烯的转移,由超洁净石墨烯制备的场效应晶体管的灵敏度比传统基于 PMMA 转移的石墨烯场效应晶体管高约 5 倍,在 DNA 分子检测中,检测范围可达 1 pmol/L~100 nmol/L。Sohn 等[19]制备了一种氧化石墨烯场效应晶体管用来实现 pH 和乙酰胆碱物质的检测,其检测原理是氧化石墨烯表面功能基团可以与 H⁺ 结合,从而导致晶体管源极和漏极之间的电流变化,而乙酰胆碱作为一种神经递质可与乙酰胆碱酯酶发生反应产生 H⁺,从而实现氧化石墨烯场效应晶体管对乙酰胆碱的检测。

石墨烯本身具有高柔性,与柔性基底结合,可以将石墨烯场效应晶体管更为灵活地应用于生物活体检测。如 Blaschke 等[20-21]将石墨烯转移到聚酰亚胺柔性基底上,制备了柔性场效应晶体管,在晶体管表面培养心肌细胞后,因为心肌细胞发放的动作电位可以导致液栅电压的变化,从而调控源漏之间的电流,实现了对心肌细胞放电的高信噪比检测。基于柔性基底的石墨烯场效应晶体管还可以检测活体大鼠大脑皮层的癫痫信号(图 2-6),癫痫发作对应大量神经元的同步

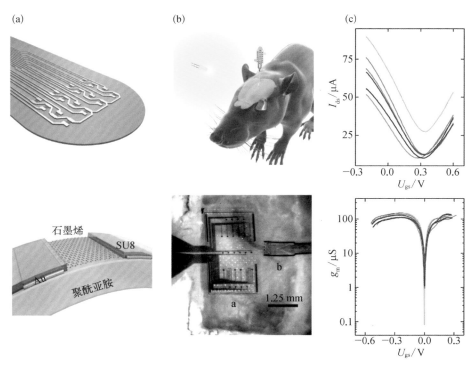

图 2-6 基于柔性基底的石墨烯场效应晶体管用于活体大鼠大脑皮层癫痫信号的检测[21]

放电,导致大脑皮层表面的电势发生显著变化,从而改变栅压调控源漏之间的电流,实现了柔性基底的石墨烯场效应晶体管对癫痫信号的检测。相对硬质基底的石墨烯场效应晶体管,柔性基底的石墨烯场效应晶体管可以更好地贴合大脑皮层,有助于检测信号幅度的增加和检测信噪比的提高。

石墨烯场效应晶体管虽然在生物检测中得以广泛尝试,但是由于较低的开关比,限制了石墨烯场效应晶体管的灵敏度,相对一些高分子聚合物[如聚3,4-乙烯二氧噻吩/聚苯乙烯磺酸盐(PEDOT∶PSS)]场效应晶体管传感器,不具有优势。同时石墨烯场效应晶体管的灵敏度还受限于石墨烯本身的载流子迁移率、源漏极接触电阻、基底表面粗糙程度等。接触电阻大、表面粗糙会导致噪声水平增加,沟道面积越大信噪比越高。研究者发现[22]若将石墨烯沟道悬浮起来,将基底刻蚀掉,可以避免一些石墨烯与基底之间的电子散射,从而降低噪声,有效地提高检测灵敏度。但石墨烯本身易褶皱、易碎,悬浮石墨烯耐用性较差。未来研究方向可以考虑如何有效降低石墨烯场效应晶体管传感器的噪声水平,以进一步提高其检测灵敏度。

2.4 石墨烯表面等离激元共振传感器

2.4.1 表面等离激元共振简介

表面等离激元(Surface Plasmon,SP)又称为表面等离子体,是在金属表面区域的自由电子和光子相互作用而形成的电磁振荡。当光从光密介质入射到光疏介质,入射角大于或等于某一临界角时,会发生全反射现象,在此过程中,入射光波在垂直于界面方向会穿透到光疏介质约半个波长的深度,并在与界面水平方向传输微米量级的距离[23],这种入射到光疏介质的光波叫作倏逝波。若光疏介质为金属时,倏逝波会激发金属中的自由电子振荡,在金属薄膜表面就会形成表面等离激元。当表面等离激元波与倏逝波沿金属膜表面方向的波矢匹配,就会互相耦合,发生表面等离激元共振(Surface Plasmon Resonance,SPR)。在此状

态下电磁场的能量转变为金属表面区域自由电子的集体振动能量,从而使得反射光的光强减弱到近似为零的最小值。基于 SPR 的生物传感器,是将分析物中的生物分子通过物理吸附或生化反应等方式固定在金属表面,使得光疏介质的折射率发生改变,折射率的改变影响光波临界角、反射光强、波长、相位等,从而实现对分析物的浓度以及成分等的探测。SPR 传感器可以分为四类:棱镜型传感器、光纤型传感器、波导型传感器以及光栅型传感器。目前常用于生物检测的传感器为棱镜型传感器和光纤型传感器。

石墨烯具有一定的金属性质,且石墨烯具有较大的比表面积,石墨烯的六角蜂窝状结构与生物分子中碳基环状结构可以通过 π-π 相互作用,把生物分子固定在石墨烯表面。氧化石墨烯/还原氧化石墨烯表面可引入多种官能团,为生物分子的吸附固定提供良好媒介。

研究发现若在传统以金为激发金属的 SPR 传感器上镀上石墨烯(图 2 - 7),可将灵敏度提高到 $(1 + 0.025L) \times \gamma$(其中 L 为石墨烯层数;$\gamma > 1$,为石墨烯吸附生物分子效率)[24]。研究还发现对石墨烯进行一些纳米颗粒的修饰,可以显著提高 SPR 生物传感器的灵敏度。

图 2-7 基于石墨烯 SPR 的生物传感器(L 为石墨烯层数;Z_0= 100 nm,为生物分子厚度)[24]

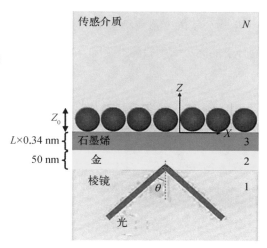

2.4.2 石墨烯表面等离激元共振传感器的应用

Zhang 等[25]利用金纳米棒与氧化石墨烯复合薄膜材料作为 SPR 传感层,通过共价键作用将目标抗体与氧化石墨烯结合,用于牛的免疫球蛋白 G(IgG)的检测。其检测范围为 0.075~40.00 μg/mL,相比原始金纳米棒,氧化石墨烯复合的金纳米棒 SPR 传感器灵敏度高出 3 倍。

Zagorodko 等[26]将石墨烯转移到金薄膜上,以棱镜为光密介质形成 SPR 传

感器,再将纳米颗粒修饰的单链 DNA 吸附在石墨烯表面,当分析物中含有与吸附单链互补的单链 DNA 存在时,两者发生杂交形成双链 DNA,由于双链 DNA 与石墨烯吸附能力弱,发生解吸现象,改变传感器界面折射率,使得 SPR 信号改变,由此实现单链 DNA 的检测,该传感器的检出限为 500 amol/L[①],线性范围达到 10^{-8} mol/L。

Zhang 等[27]将氧化石墨烯通过静电作用与金薄膜结合,氧化石墨烯由于表面含有大量羧基,可以和人的免疫球蛋白 G(IgG)抗体结合,当分析物中含有 IgG 抗原时,可与固定在氧化石墨烯表面的抗体结合,从而改变 SPR 传感器界面的折射率,通过测量共振波偏移实现了 IgG 的定量检测。

2013 年 Kim 等[28]首次用石墨烯完全取代传统金膜,将石墨烯转移到去除包层的光纤上形成 SPR 传感界面(图 2-8),在溶液中分别依次加入生物素标记的 DNA 链片段和亲和素,研究发现溶液中生物分子浓度及生物素与亲和素的相互作用将影响反射光波长,由此实现生物分子的高灵敏度检测。

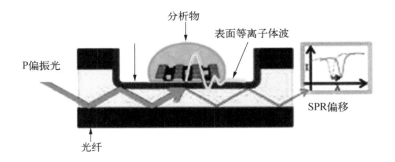

图 2-8 基于石墨烯光纤的 SPR 生物传感器用于生物分子检测[28]

Xing 等[29]使用高温还原氧化石墨烯直接固定在 SPR 棱镜表面,设计了一种基于还原氧化石墨烯的 SPR 传感器(图 2-9),其可用于单细胞检测。其检测原理是单细胞影响传感器界面折射率,不同大小的细胞对界面折射率的

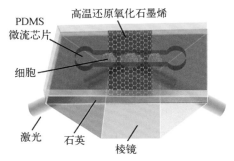

图 2-9 基于还原氧化石墨烯的 SPR 传感器用于单细胞检测[29]

---

① amol/L=10^{-18} mol/dm³。

改变不同，从而可实现对多个不同大小的癌细胞的动态检测。这种高灵敏度的石墨烯光学传感器能够在单细胞水平上对正常细胞中的少量癌细胞进行无标记和高精度的检测，并且能够同时检测和区分两类细胞。研究发现当还原氧化石墨烯的层数为 20 时，可达到最高检测灵敏度为 4.3×10^7 mV/RIU，分辨率为 1.7×10^{-8}。

Chiu 等[30]利用羧基功能化的氧化石墨烯与金膜结合制备 SPR 传感器，石墨烯的羧基官能化可以调节其可见光谱，从而可以用来改善和控制等离激元耦合机理。在牛血清蛋白分子的不同流速下，分析了传感膜和牛血清蛋白质分子之间的结合特性。通过牛血清蛋白抗原和抗体的免疫分析，研究了分子间的生物特异性结合作用。研究结果表明该 SPR 石墨烯传感器可以检测特异性蛋白和细胞，具有实时检测血液中肿瘤标记物的潜在能力。Chiu 等[31]还在此基础上使用糖类抗原（CA199）作为生物标志物，与固定在羧基修饰的氧化石墨烯表面的 CA199 抗体结合，来检测胰腺癌标志物。实验结果表明，以羧基改性的氧化石墨烯为基底的表面等离激元共振生物芯片的最低抗原检出限可达10 unit/mL。

Zhang 等[32]提出了一种高度敏感的光纤 SPR 传感器，该传感器采用石墨烯修饰光纤的侧面抛光结构，用于植入式连续血糖监测，并利用长周期光纤光栅（Long-period Fiber Grating，LPFG）进行现场温度自补偿。结果表明，单层石墨烯传感器具有 3058.22 nm/RIU 的最佳灵敏度，LPFG 的最大分辨率为 0.042 nm/℃，所制备的 SPR 传感器能够检测到低血糖，这对在临床环境中连续监测血糖提供了潜在的工具。

2.5 总结与展望

石墨烯生物传感器之所以能得到如此广泛的关注和应用，与以下几点密切相关：石墨烯具有良好的生物相容性，不易与生物环境中的离子反应，对细胞蛋白质等无毒无害，还具有良好的抗腐蚀性质，可以与生物环境长期接触；石墨烯具有极大的比表面积，可以承载较多的分析物质；由于独特的电子结构，石墨烯

同时具有金属和半导体性质,使得生物传感器信号转导具有更多可能性;石墨烯具有极高的载流子迁移率和电导率,使得石墨烯生物传感器更为灵敏;石墨烯可以和碱基的环形结构形成 π-π 堆垛,使得石墨烯可以很好地吸附单链 DNA;石墨烯衍生物——氧化石墨烯和还原氧化石墨烯表面含有大量官能团,可以有效捕获生物分子,通过改变石墨烯的电导率、折射率等进行生物传感。

石墨烯的上述优点让科学工作者们热衷于其生物传感的应用研究,但石墨烯也受限于一些缺点:目前基于石墨烯的生物传感器重复性较差,这是由于在石墨烯基材料的生产过程中很难把控不同批次的质量和性质,特别是一些还原氧化石墨烯表面官能团的数量、石墨烯堆垛片层的数量很难得到精确的控制;将石墨烯转移到不同基底或镀膜到不同电极上,基底或电极表面的粗糙度会对石墨烯的性质有影响;虽然石墨烯生物相容性已经通过大量研究得以证明,但是石墨烯衍生物的毒性还有待研究和确认。

总之,石墨烯生物传感器很大程度上还依赖于石墨烯的洁净程度、氧化还原程度、石墨烯层数、石墨烯本身缺陷、石墨烯掺杂程度等,这使得石墨烯生物传感器件的批量市场化应用受到一定限制。未来科学工作者们可以试着朝这些方面努力,推动石墨烯生物传感器的实际应用。

参考文献

[1] Zhou M,Zhai Y M,Dong S J. Electrochemical sensing and biosensing platform based on chemically reduced graphene oxide[J]. Analytical Chemistry,2009,81(14):5603-5613.

[2] Lin W J,Liao C S,Jhang J H,et al. Graphene modified basal and edge plane pyrolytic graphite electrodes for electrocatalytic oxidation of hydrogen peroxide and β-nicotinamide adenine dinucleotide[J]. Electrochemistry Communications,2009,11(11):2153-2156.

[3] Wang J,Yang S,Guo D,et al. Comparative studies on electrochemical activity of graphene nanosheets and carbon nanotubes[J]. Electrochemistry Communications,2009,11(10):1892-1895.

[4] Yang S H,Guo D Y,Su L,et al. A facile method for preparation of graphene

film electrodes with tailor-made dimensions with Vaseline as the insulating binder [J]. Electrochemistry Communications, 2009, 11(10): 1912 - 1915.

[5] Tang L H, Wang Y, Li Y M, et al. Preparation, structure, and electrochemical properties of reduced graphene sheet films[J]. Advanced Functional Materials, 2009, 19(17): 2782 - 2789.

[6] Shang N G, Papakonstantinou P, McMullan M, et al. Catalyst-free efficient growth, orientation and biosensing properties of multilayer graphene nanoflake films with sharp edge planes[J]. Advanced Functional Materials, 2008, 18(21): 3506 - 3514.

[7] Bonanni A, Pumera M. Graphene platform for hairpin-DNA-based impedimetric genosensing[J]. ACS Nano, 2011, 5(3): 2356 - 2361.

[8] Xu H, Dai H, Chen G. Direct electrochemistry and electrocatalysis of hemoglobin protein entrapped in graphene and chitosan composite film[J]. Talanta, 2010, 81 (1 - 2): 334 - 338.

[9] Jaberi S Y, Ghaffarinejad A, Omidinia E. An electrochemical paper based nano-genosensor modified with reduced graphene oxide-gold nanostructure for determination of glycated hemoglobin in blood[J]. Analytica Chimica Acta, 2019, 1078: 42 - 52.

[10] Han S Y, Du T, Jiang H, et al. Synergistic effect of pyrroloquinoline quinone and graphene nano-interface for facile fabrication of sensitive NADH biosensor[J]. Biosensors and Bioelectronics, 2017(Pt 1), 89: 422 - 429.

[11] Dey R S, Raj C R. Development of an amperometric cholesterol biosensor based on graphene — Pt nanoparticle hybrid material[J]. Journal of Physical Chemistry C, 2010, 114(49): 21427 - 21433.

[12] Huang Y, Tan J, Cui L J, et al. Graphene and Au NPs co-mediated enzymatic silver deposition for the ultrasensitive electrochemical detection of cholesterol[J]. Biosensors & Bioelectronics, 2018, 102: 560 - 567.

[13] Li J, Guo S J, Zhai Y M, et al. High-sensitivity determination of lead and cadmium based on the Nafion-graphene composite film[J]. Analytica Chimica Acta, 2009, 649(2): 196 - 201.

[14] Ohno Y, Maehashi K, Yamashiro Y, et al. Electrolyte-gated graphene field-effect transistors for detecting pH and protein adsorption[J]. Nano Letters, 2009, 9(9): 3318 - 3322.

[15] Ohno Y, Maehashi K, Matsumoto K. Label-free biosensors based on aptamer-modified graphene field-effect transistors[J]. Journal of the American Chemical Society, 2010, 132(51): 18012 - 18013.

[16] Kim D J, Sohn I Y, Jung J H, et al. Reduced graphene oxide field-effect transistor for label-free femtomolar protein detection[J]. Biosensors & Bioelectronics, 2013, 41: 621 - 626.

[17] Chen T Y, Loan P T, Hsu C L, et al. Label-free detection of DNA hybridization

using transistors based on CVD grown graphene[J]. Biosensors & Bioelectronics, 2013, 41: 103 – 109.

[18] Loan P T K, Wu D Q, Ye C, et al. Hall effect biosensors with ultraclean graphene film for improved sensitivity of label-free DNA detection [J]. Biosensors & Bioelectronics, 2018, 99: 85 – 91.

[19] Sohn I Y, Kim D J, Jung J H, et al. pH sensing characteristics and biosensing application of solution-gated reduced graphene oxide field-effect transistors[J]. Biosensors & Bioelectronics, 2013, 45(1): 70 – 76.

[20] Blaschke B M, Lottner M, Drieschner S, et al. Flexible graphene transistors for recording cell action potentials[J]. 2D Materials, 2016, 3(2): 025007.

[21] Blaschke B M, Tort-Colet N, Guimerà-Brunet A, et al. Mapping brain activity with flexible graphene micro-transistors[J]. 2D Materials, 2017, 4(2): 025040.

[22] Cheng Z G, Li Q, Li Z J, et al. Suspended graphene sensors with improved signal and reduced noise[J]. Nano Letters, 2010, 10(5): 1864 – 1868.

[23] Barnes W L, Dereux A, Ebbesen T W. Surface plasmon subwavelength optics[J]. Nature, 2003, 424(6950): 824 – 830.

[24] Wu L, Chu H S, Koh W S, et al. Highly sensitive graphene biosensors based on surface plasmon resonance[J]. Optics Express, 2010, 18(14): 14395 – 14400.

[25] Zhang H, Song D, Gao S, et al. Enhanced wavelength modulation SPR biosensor based on gold nanorods for immunoglobulin detection[J]. Talanta, 2013, 115: 857 – 862.

[26] Zagorodko O, Spadavecchia J, Serrano A Y, et al. Highly sensitive detection of DNA hybridization on commercialized graphene-coated surface plasmon resonance interfaces[J]. Analytical Chemistry, 2014, 86(22): 11211 – 11216.

[27] Zhang H, Sun Y, Gao S, et al. A novel graphene oxide-based surface plasmon resonance biosensor for immunoassay[J]. Small, 2013, 9(15): 2537 – 2540.

[28] Kim J A, Hwang T, Dugasani S R, et al. Graphene based fiber optic surface plasmon resonance for bio-chemical sensor applications[J]. Sensors and Actuators B: Chemical, 2013, 187(4): 426 – 433.

[29] Xing F, Meng G X, Zhang Q, et al. Ultrasensitive flow sensing of a single cell using graphene-based optical sensors[J]. Nano Letters, 2014, 14(6): 3563 – 3569.

[30] Chiu N F, Fan S Y, Yang C D, et al. Carboxyl-functionalized graphene oxide composites as SPR biosensors with enhanced sensitivity for immunoaffinity detection[J]. Biosensors & Bioelectronics, 2017, 89(Pt 1): 370 – 376.

[31] Chiu N F, Fan S Y. Highly sensitive carboxyl-graphene oxide-based SPR immunosensor for the detection of CA19 – 9 biomarker[C]//Optical Sensors 2019. International Society for Optics and Photonics, 2019: 11028.

[32] Zhang P H, Lu B Y, Sun Y W, et al. Side-polished flexible SPR sensor modified by graphene with *in situ* temperature self-compensation[J]. Biomedical Optics Express, 2019, 10(1): 215 – 225.

第 3 章

石墨烯神经接口

3.1 神经接口简介

近年来脑科学在全世界范围内掀起了一股研究热潮。2013年1月,欧盟斥资10亿欧元启动了"人类大脑计划",旨在通过超级计算机技术来模拟脑功能,以实现人工智能。2013年4月,美国奥巴马政府正式宣布投入1亿美元启动"脑计划",该计划旨在绘制一张完整的脑活动图谱,以协助帕金森综合征、阿尔茨海默病等神经系统疾病的治疗。

在脑科学的研究和应用过程中,将神经组织与外部器件相连接的神经接口具有重要地位。神经接口可用于研究、扩展和修复人类的感知和运动功能,其正成为刺激与记录神经系统电学活动的强大工具(图3-1)。[1-3]作为一种新型的人机交互信息通道,神经接口已受到越来越多的重视。在基础研究方面,神经接口已经成为解析大脑神经环路、研究大脑活动的重要手段之一。临床应用方面,通过电刺激神经组织,植入式神经接口为治疗中枢或外周神经系统的各类疾病提供了诸多方法。对脑内深部结构的电刺激,即脑深部电刺激(Deep Brain Stimulation,DBS),在临床上已广泛用于帕金森综合征、肌张力障碍和震颤等与运动功能缺陷相关的疾病的治疗。[4-6]与此同时,DBS在临床上也对某些药物治疗困难的神经系统疾病,如抑郁症、强迫症等,显示出了巨大的潜力。[7, 8]除此之外,人工耳蜗是临床上使用广泛的另一种神经接口。耳蜗植入后可以通过麦克风把记录到的外部声波转换成施加到神经电极阵列的电脉冲,进而刺激听觉神经,实现听觉的修复。[9]人工视网膜植入物在概念上与人工耳蜗类似,通过在植入视网膜处的神经电极阵列上施加电脉冲,对视网膜进行电刺激,以达到恢复视网膜病变患者视力的目的。[10]通过在脊髓或外周神经组织中建立植入式神经接口,可以实现对脊髓和外周神经系统的电刺激,恢复和改善感觉和运动功能。[11]在大脑活动和肢体连接出现功能性障碍的情况下,人们可以通过神经接口记录脑电信号,解码运动意图,根据运动意图支配外部机械手臂或人工义肢,以实现人脑和外部机器的直接连接,从而大大改善如瘫痪患

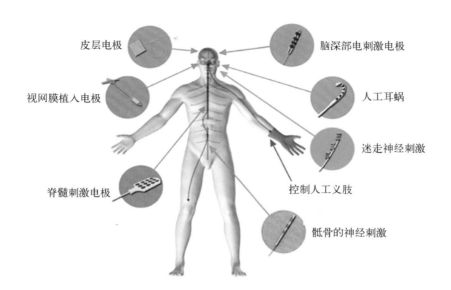

图3-1 各式各样的神经接口[11]

皮层电极

脑深部电刺激电极

视网膜植入电极

人工耳蜗

迷走神经刺激

控制人工义肢

脊髓刺激电极

骶骨的神经刺激

者的自理能力和生存质量。[1, 12]

　　2002年,Serruya等将Utah电极阵列植入恒河猴的运动皮层,猴子可通过神经接口技术控制计算机光标的位置[图3-2(a)]。[13] 2008年,Velliste等宣布成功实现了让猕猴用"意念"控制机械手臂的运动,并实现了自行喂食。[14] 2011年,O'Doherty等宣布他们不仅能够让猕猴用意念移动虚拟手掌,还能使其接收虚拟手掌的触觉信号[图3-2(b)]。[15]

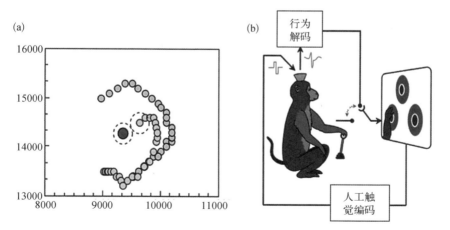

图3-2

(a)

(b) 行为解码

人工触觉编码

（a）猴子通过神经接口技术控制计算机光标位置；（b）从大脑运动皮层信号解码运动意图，并利用人工触觉编码反馈传递给大脑感觉皮层[13, 15]

在动物模型实验的快速进展之外,2006 年,在美国食品药品监督管理局(Food and Drug Administration,FDA)的批准下,Hochberg 等将 96 通道的 Utah 电极植入由于脊椎损伤造成四肢瘫痪的患者的运动皮层区域,实现了患者利用大脑神经信号实现了对义肢的启动及关闭的控制,以及某些基本操作的执行[图 3 - 3(a)]。[12] 2013 年,Collinger 等在 52 岁的瘫痪病人的大脑运动皮层植入了 96 通道 Utah 电极,经过两天的培训,她能自由地在三维空间中移动机械义肢。13 周后,该患者可以稳定、重复地通过义肢完成七个维度的移动,任务的成功率为91.6%,经过反复训练,其完成任务的时间更短,完成路径也得到了优化,临床报告无不良反应[图 3 - 3(b)]。[16]

图 3-3

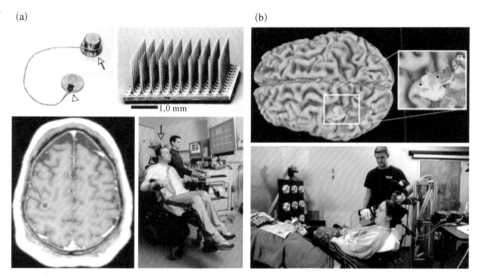

(a)   (b)

(a)四肢瘫痪患者植入 Utah 电极后实现了用"意念"控制电脑光标[12];(b)瘫痪患者通过神经接口技术控制义肢[16]

3.2　神经接口分类

神经接口的主要功能是记录或刺激大脑中的电活动。根据电极放置在大脑中位置的不同,神经接口可记录不同类型的神经信号。非侵入式的头皮电极记

录的脑电图(Electroencephalogram，EEG)，[17, 18]以及侵入式的与大脑皮层直接接触的皮层电极记录的皮层电图(Electrocorticogram，ECoG)[19]，都属于场电位信号，反映了大量神经元同步的神经活动。侵入式的植入大脑内部的深度电极，既可以记录局部场电位(Local Field Potential，LFP)信号，又可以记录单个细胞发放的动作电位信号。非侵入式 EEG 电极直接放置于头皮上，并且可以放置在大脑的不同区域，从而记录全脑的电活动，以提供有用的功能信息，这种方法方便、安全且成本低，但空间分辨率低，易受到肌电信号的影响，噪声水平高，并且随着时间的推移易造成传感器移位，布线仪器连接复杂。EEG 信号通过一定的算法进行解码，可实现各种各样的神经接口应用。[20]与 EEG 信号相比，ECoG 信号不存在头骨的过滤，有较低的噪声、较高的带宽和功率。无线 ECoG 电极可以克服 EEG 电极连线复杂的缺点。EEG 信号具有较为缓慢的节律(5～300 μV，小于 100 Hz)，ECoG 信号具有中等节律(0.01～5 mV，小于 200 Hz)，可以将电极放置在硬脑膜上方或者下方进行监测。目前 FDA 未批准可长期植入人体的 ECoG 电极。侵入式深部电极可用于记录局部场电位(小于 1 mV，小于 200 Hz)和动作电位(约 500 μV，0.1～7 kHz)(图 3 - 4)。[21]虽然深部电极接口侵入性更大，具有更高的时间和空间分辨率，可以记录到单个神经元的放电，并且可以专门针对任意脑区，但是电极植入得越深，电极定位的精确度也随之下降，这对于维持长期的安全性和长期稳定的信号记录是具有挑战的。[22]FDA 批准的可用于人体的脑深部电极有植入大脑内部数厘米深的 DBS 电极，其已经帮助治疗了数万名帕金森综合征的患者。ECoG 接口的侵入性和信号分辨率，均介于 EEG 接口和深部电极接口之间。[21]

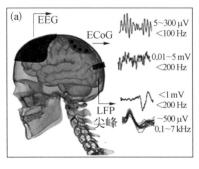
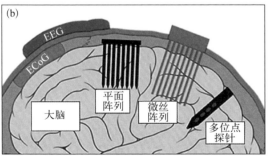

图3-4 神经接口的分类[21]

在基础电生理学研究中,对单个神经元产生的动作电位进行记录,对我们理解神经网络连接和大脑活动是非常重要的。场电位信号的记录在临床疾病诊断以及病灶切除、DBS 电极植入术前和术中的介入检测方面,都有非常广泛的应用。癫痫病灶的定位很大程度上依赖于 EEG 和 ECoG 的记录,[23] 在 DBS 电极植入前,利用单细胞动作电位信号的放电特征,可以帮助定位植入靶点。场电位信号还可以作为闭环 DBS 系统的特征性标记信号。各式各样的神经接口在癫痫、脑肿瘤、疼痛甚至精神疾病的手术治疗中发挥着越来越重要的作用。

3.3 传统神经电极

神经电极从最初的毛细管拉制的玻璃微电极(Glass Microelectrode)、[24] 金属微丝电极,[25, 26] 发展到了以半导体硅为材料的多记录位点微电极阵列,[27] 包括 Utah 电极(美国犹他大学开发的针形微电极阵列)和 Michigan 电极(美国密歇根大学开发的线性微电极阵列)(图 3-5)。传统的神经电极材料有金、不锈

图 3-5

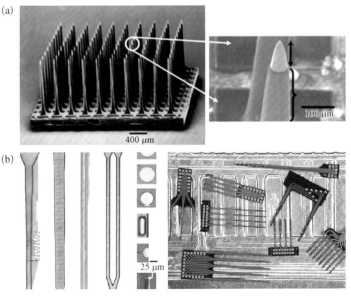

（a）Utah 电极；（b）Michigan 电极[28, 29]

钢、钨、铂、铂铱合金、硅、氧化铱、氮化钛和 PEDOT：PSS 等。

目前传统神经电极的制备工艺成熟，但是其尺寸及杨氏模量通常较大，在植入大脑后会引起较为严重的炎症反应，并且随着时间的增长，胶质细胞聚集在电极周围形成的胶质瘢痕不断增厚，神经信号的质量也不断下降。

3.4　石墨烯场效应晶体管神经探针

石墨烯是近年来研究最热的二维材料之一，2004 年，Novoselov 和 Geim 首次使用透明胶带从高定向热解石墨中剥离出单层碳原子的石墨烯，并将其转移至硅片基底，制备了石墨烯场效应晶体管，进而探究了石墨烯材料独特的电学特性[30]，宣告了石墨烯时代的到来。自此以后，石墨烯成为物理学家、化学家和材料学家竞相追逐的焦点材料。

石墨烯的全部碳原子以 sp^2 杂化成键，形成蜂窝状二维平面晶体材料（图 3-6），单原子层的石墨烯厚度仅为 0.335 nm。石墨烯的所有共价键均在一个平面上，夹角为 120°，没有参与杂化的 p 轨道电子形成垂直于石墨烯平面的 π 键，电子可以在石墨烯平面内自由移动，使得石墨烯拥有良好的导电性。[31]

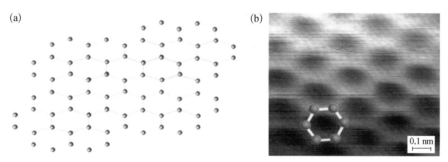

图 3-6

（a）石墨烯原子排列结构示意图；（b）石墨烯扫描隧道显微镜图像[31, 32]

石墨烯具有独特的能带结构，优异的电学、光学、机械和热学性能。大面积石墨烯薄膜的成功生长，大大易化了石墨烯作为透明电极在柔性显示器、太阳能电池、柔性电池、超级电容器、传感器方面的应用。[32, 33]石墨烯集高生物相容性、

　　　　　　　　　　　　　　　　　　　石墨烯生物技术

导电性、柔性、低噪声、耐腐蚀、光学透明特性于一身，这使得石墨烯成为一种非常优秀的可应用于生物体的材料。[11]

除了硅、金属等传统的电极制造材料，近年来石墨烯的出现也为神经接口的发展提供了很好的材料基础。单层碳原子的石墨烯厚度只有纳米级别，极其柔软，具有优异的透明性和良好的生物相容性。并且，一些经范德瓦耳斯力层层叠加的石墨烯材料具有非常大的比表面积，这使得其电荷注入密度（Charge Injection Limit，CIL）很高，阻抗很低，加之其良好的电子迁移率，为制备柔性神经电极提供了理想选择。

如前文所述，石墨烯可作为场效应晶体管的沟道材料，用于制备各种各样的生物传感器。当沟道附近有细胞放电时，溶液中离子分布的变化施加到石墨烯场效应晶体管上形成液栅栅压，从而改变晶体管源漏电流，因此场效应晶体管可以作为神经探针，实现活体细胞电活动的检测。相比于已广泛应用于神经电生理的金属阵列电极，场效应晶体管的信噪比和空间分辨率可以更高，这是由于对金属阵列电极来说，尺寸的减小会造成电极与溶液界面的电化学阻抗增大，从而导致热噪声的增加和信噪比的降低，同时也限制了金属电极的最小尺寸和空间分辨率。[34]而基于场效应晶体管的神经探针，由于检测不受溶液界面阻抗的影响，因而可以采用更小的探针尺寸，从而达到更高的空间分辨率。

2010 年，Cohen-Karni 等使用微机械剥离法制备的单层石墨烯作为沟道材料，制备了石墨烯场效应晶体管神经探针，实现了心肌细胞的动作电位的胞外记录（图 3-7）。心肌细胞的动作电位是场效应晶体管的门输入，它可以调节石墨烯的载流子浓度并在石墨烯晶体管的漏极电流中产生信号。记录到的电流尖峰与心肌细胞的自发搏动同步。除此之外，由于石墨烯独特的双极特性，当石墨烯从 p 型调谐到 n 型时，电流信号的极性发生翻转。该石墨烯场效应晶体管器件在自发搏动的心肌细胞上记录到的胞外信号的信噪比大于 4，高于很多文献报道的数据。[35]

石墨烯场效应晶体管通常在氧化硅基底上制备。研究表明，氧化层中的电荷缺陷和光学声子强烈散射石墨烯的电荷载流子，这导致了较大的 $1/f$ 噪声并

图 3-7

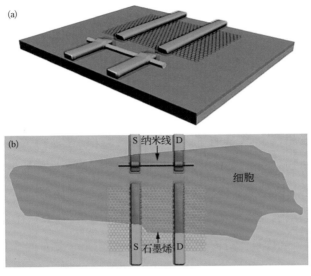

（a）石墨烯和硅纳米线场效应晶体管示意图；（b）石墨烯和硅纳米线场效应晶体管与心肌细胞的相对大小示意图[35]

严重降低了石墨烯场效应晶体管的电学性能。为了提高石墨烯传感器的信噪比，Cheng 等通过原位刻蚀技术在水溶液中制备了悬浮的石墨烯场效应晶体管（图 3-8）。结果表明，悬浮的石墨烯传感器的信噪比大大提高，相比于二氧化硅基底上的石墨烯场效应晶体管，当石墨烯悬浮在溶液中时，空穴和电子载流子的低频噪声分别是二氧化硅基底上石墨烯场效应晶体管的低频噪声的 1/12

图 3-8

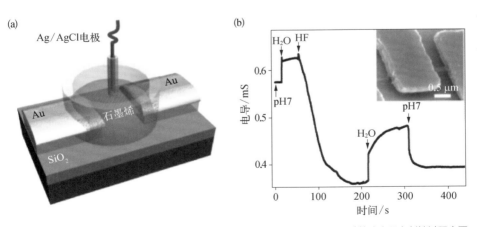

（a）悬浮石墨烯场效应晶体管示意图；（b）原位刻蚀石墨烯下方的 SiO_2（箭头表示在刻蚀过程中更换溶液的种类与时间）[36]

和 1/6。在溶液中的悬浮还导致了石墨烯载流子迁移率的增加和 $1/f$ 噪声的降低。[36]

　　2013 年,Cheng 等系统地研究了生理环境下石墨烯场效应晶体管灵敏度对石墨烯尺寸的依赖性。他们发现,悬浮石墨烯场效应晶体管的灵敏度与石墨烯面积的平方根相关。此外,他们还发现悬浮的石墨烯场效应晶体管可以与细胞形成紧密的生物电子界面(图 3 - 9)。相对于基底支撑的石墨烯场效应晶体管探针,悬浮石墨烯场效应晶体管电生理记录的信噪比得到显著提升。[37]

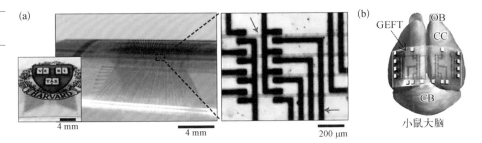

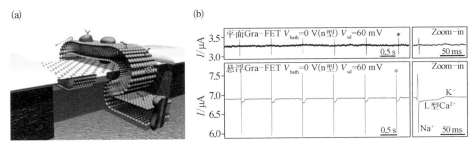

（a）悬浮石墨烯场效应晶体管用于细胞电生理记录示意图;（b）通过石墨烯场效应晶体管传感器记录心脏的电流信号,上图为平面石墨烯场效应晶体管记录的信号,下图为悬浮石墨烯场效应晶体管记录的信号[37]

　　2012 年,Park 等将原本的金属引线用多层石墨烯进行替代,制备了全碳元素的石墨-石墨烯场效应晶体管[图 3 - 10(a)],其可用于实时 pH 检测,并且其良好的生物相容性使其在柔性电子学方面有巨大的应用潜力。[38]2013年,Heo 等在 PDMS 和 PI 之间插入了图案化的石墨烯电极,该电极柔性高,

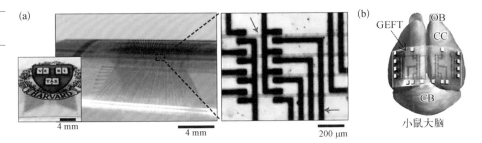

（a）全碳石墨-石墨烯场效应晶体管;（b）石墨烯电刺激器[38,39]

具有良好的生物相容性,将其直接放置在小鼠大脑皮层上,并通过该石墨烯电极在特定的局部血管上施加电场。在体光学记录可直接观察到小鼠脑血管中的血容量的变化,脑血容量在受刺激区域的动脉中显著增加,但未观察到组织损伤和不必要的神经元激活,也没有观察到短暂的缺氧。该石墨烯电刺激器件提供了一种治疗局部脑血管血液循环不足的新方法,有望用于慢性脑缺血的治疗[图 3 - 10(b)]。[39]基于柔性石墨烯场效应晶体管探针对心肌细胞动作电位和大鼠皮层癫痫信号的记录,[40]详见"石墨烯电化学传感器"一章所述。

3.5　基于石墨烯薄膜的透明神经电极

近年来神经光学成像、光遗传学技术的发展,为解码神经环路结构和功能提供了强大的工具。如果能开发出同时兼容光学技术和电生理技术的神经电极,结合它们的时空优势,将为解码大脑功能提供巨大帮助。然而传统基于金属材料的神经电极不透明,而且容易产生光电伪迹,并不适用于此。要解决这个问题需要制备透明神经电极。目前科学家们在这方面有过很多的尝试,氧化铟锡(Indium Tin Oxide,ITO)是一种常用的导电透明材料,可以制备成透明电极,但是 ITO 比较脆,易碎,不能弯曲。石墨烯材料既满足透光性高的要求,也有很好的柔性,是非常有前景的制备柔性透明神经电极阵列的材料。2014 年,Kuzum 等报道了一种透明、柔软的石墨烯基 ECoG 神经电极技术,其采用聚酰亚胺作为基底,用 CVD 法制备的高质量石墨烯作为电极位点与部分引线,可以同时完成光学成像和电生理记录。他们使用荧光共聚焦和双光子显微镜对置于透明石墨烯电极阵列下的海马脑区切片进行钙成像,并同时利用石墨烯电极进行电学记录,研究发现光束照射没有在石墨烯电极的电生理记录中引起伪迹。柔性透明石墨烯电极阵列可以记录到高频的阵发性电活动和缓慢的突触电位,这是难以通过钙成像观察到的(图 3 - 11)。柔性透明石墨烯电极阵列为电-光模态共用动态监测神经元活动提

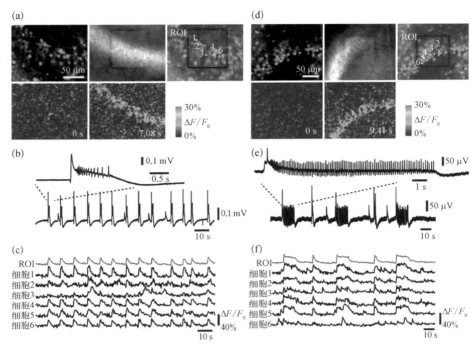

图 3 - 11 柔性透明石墨烯电极的电生理测量与钙成像技术联用[42]

供了有效工具。[41]

　　同期，Park 等也报道了一种基于多层石墨烯的柔性透明 ECoG 电极阵列（Carbon-layered Electrode Array，CLEAR），他们用 CVD 法制备了单层石墨烯，通过四次转移至硅片基底，并将转移得到的石墨烯薄膜图案化，形成了由四层石墨烯构成的 16 通道 ECoG 电极阵列，该电极在紫外到红外光谱范围内表现出了大于 90% 的高光学透明度。利用该电极，他们在啮齿类动物模型上记录到了光遗传刺激下的皮层激活信号，并利用荧光显微镜和 3D 光学相干断层成像技术对电极下的皮质血管进行了成像（图 3 - 12）。[42]

　　基于植入式电极的电刺激技术不仅被广泛用于神经类疾病的治疗，如帕金森综合征和癫痫等，而且还在神经科学的基础研究中被广泛使用。电刺激下对被刺激脑区的同步光成像，对揭示电刺激机理和效应有很大的帮助，然而传统非透明的神经电极大大地限制了此方面的研究。2018 年，Park 等制备了透明石墨烯基刺激电极阵列，他们将此电极植入 GCaMP6f 转基因小鼠大脑，在电极给电刺激的同时对电极下方的神经组织的激活情况进行了光学成像（图

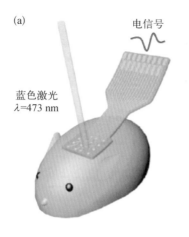
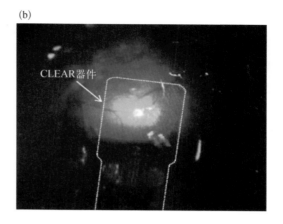

图 3-12 柔性透明石墨烯 ECoG 电极阵列与光遗传技术同步联用[42]

(a) 电信号

蓝色激光 λ=473 nm

(b) CLEAR器件

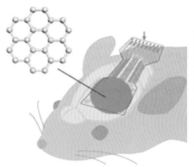
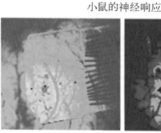
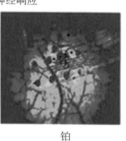

小鼠的神经响应

石墨烯　　　　铂

图 3-13 透明石墨烯基刺激电极阵列及其应用[43]

3-13)。通过尝试不同刺激条件,他们发现相比阳极电流引导的电刺激,阴极电流引导的电刺激可以更高效地激活神经元。经过电化学表征和活体实验测试,他们发现由四层石墨烯薄膜构成的电容式刺激电极的电荷注入密度极限值为 $116.07 \sim 174.10 \ \mu C/cm^2$。[43]

3.6　石墨烯纤维神经电极

2015 年,Apollo 等报道了一种可实现神经记录和刺激的石墨烯纤维电极,该电极由氧化石墨烯湿法纺丝制备,外周包裹派瑞林 C 绝缘层,经过激光处理尖端,形成刷子样的电极位点,其电荷注入能力高于现有文献报告的材料,并且制

备方法快速可靠(图3-14)。该电极被用于离体刺激视网膜及在体记录视觉皮层的神经电信号。[44]

图3-14 石墨烯纤维电极的制备流程及其 SEM 图像[44]

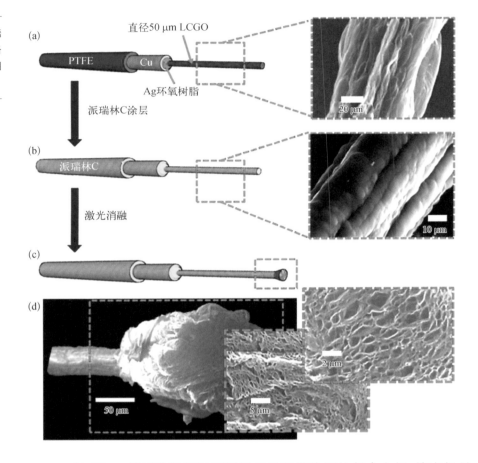

图3-14 石墨烯纤维电极的制备流程及其 SEM 图像[44]

2019年,Wang等开发了基于石墨烯纤维和铂涂层的复合电极,该电极具有较低的电化学阻抗、较大的表面积和优异的电化学性能(图3-15)。石墨烯纤维和铂涂层复合结构使两种成分之间产生了强大的协同效应,从而形成了一种坚固且性能优异的混合材料,其电极性能优于石墨烯电极或 Pt 电极。低阻抗和多孔结构使得该电极具有极高的电荷注入能力($10.34\ mC/cm^2$)。此外,薄铂涂层可有效地沿微电极传递收集的信号。在体研究表明,植入大鼠大脑皮层的微电极,可以检测单个神经元的动作电位并且具有9.2 dB的高信噪比。[45]

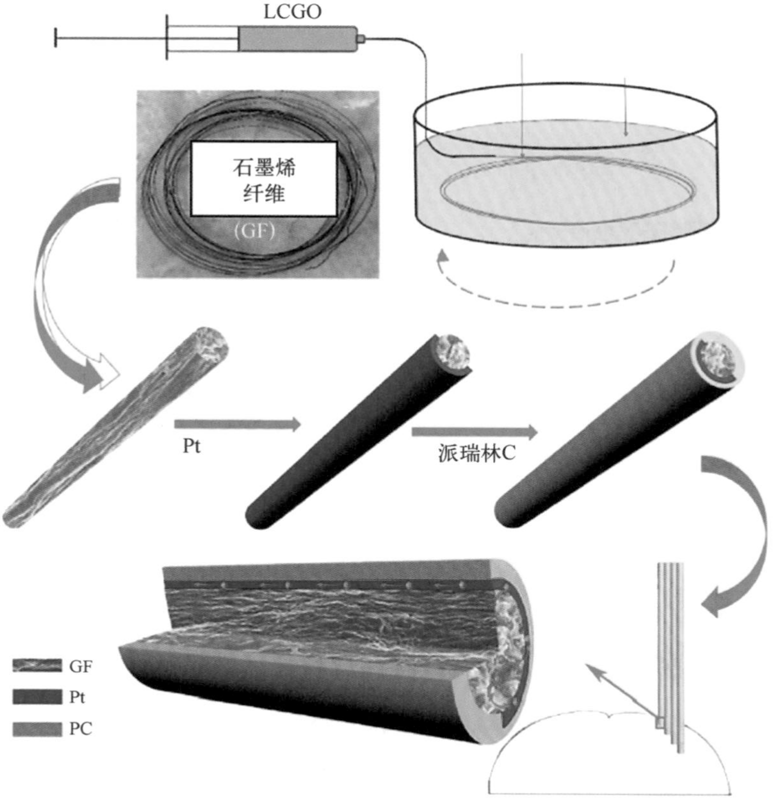

图 3 - 15　石墨烯
纤维／铂涂层复合
电极的制备、组装
和植入示意图[45]

图中标注：LCGO、石墨烯纤维（GF）、Pt、派瑞林C、GF、Pt、PC

3.7　基于石墨烯的可拉伸电极

　　2017 年，Liu 等在堆叠的石墨烯层之间加入了石墨烯纳米卷，制备了多层石墨烯/石墨烯卷轴（Multilayer Graphene/Graphene Scroll，MGGS）结构（图3-16）。在应变下，部分卷轴桥接石墨烯的碎片以维持石墨烯网络，因此即使在高应变下，该结构也具有优异的导电性。负载在弹性体上的三层 MGGS 在 100%应变下（应变垂直于电流方向）保持了其原始电导的 65%，而没有纳米卷的三层石墨烯膜仅保留了其初始电导的 25%。使用 MGGS 电极制造的可拉伸全碳场效应晶体管［MGG 作为源、漏和栅电极，单壁碳纳米管（SWNT）为沟道］的透光率大于 90%，在 120%应变（平行于电荷传输方向）下仍能保持其原始电

图 3- 16 可拉伸石墨烯基场效应晶体管示意图[46]

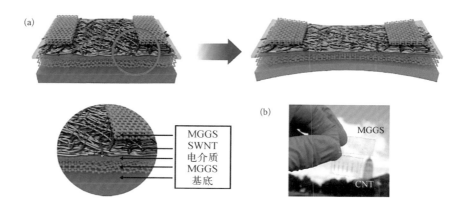

流输出的 60%。[46]

2017 年，Yang 等开发了一种柔软且高度褶皱的全碳场效应晶体管阵列，用于大脑电生理活动记录。全碳、无缝集成的场效应晶体管利用石墨烯作为沟道，石墨烯/碳纳米管复合材料作为电极[图 3 - 17（a）]，在较大的机械变形下，场效应晶体管仍能保持其结构完整性和稳定的电子性能，而常规石墨烯/金属场效应晶体管会因为应力而诱发开裂和结构破坏。他们通过面内压缩大幅提高了场效应晶体管神经探针的灵敏度和空间分辨率。全碳、无缝集成的场效应晶体管在褶皱形成后，仍保持了结构的完整和电学性质的稳定，压缩导致的小投影面积和大的活性面积，使得场效应晶体管的空间分辨率提高了 6 倍。Yang 等进一步证明了柔性、高度褶皱的全碳场效应晶体管具有在体内记录大脑活动的能力[图3 - 17（b）]。[47]

图 3- 17

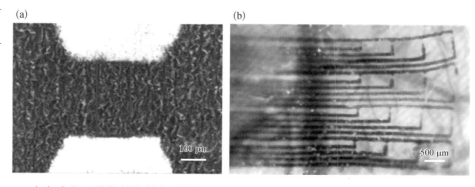

（a）全碳、无缝集成的场效应晶体管的 SEM 图像；（b）柔性、高度褶皱的全碳场效应晶体管阵列共形地贴附在大脑表面[47]

3.8　基于石墨烯的磁共振成像兼容神经电极

电生理测量与磁共振成像（Magnetic Resonance Imaging，MRI）的同步联用无论对临床医学还是基础脑科学应用，都具有很重要的意义。很多基于金属和硅的电极材料，即使没有铁磁性，在 MRI 成像过程中也会使磁场产生很大程度的扭曲，使得电极记录或刺激的脑区及其周围大面积部位被电极伪影遮挡从而不可见，严重影响结构和功能 MRI 对大脑的成像和大脑活动的检测。

2016 年，笔者报道了一种用石墨烯薄膜包覆的铜微丝（G-Cu）制备的MRI 兼容神经电极（图 3-18）。该微电极使磁场产生扭曲的主要原因是电极材料与生物组织/水磁化率的不匹配。因为铜具有和水高度接近的磁化率，所以铜非常适合用于制备 MRI 兼容的神经电极。然而，铜植入物会对生

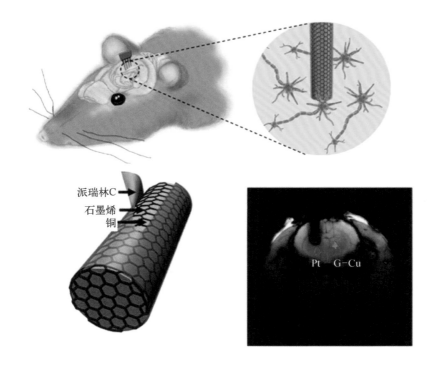

派瑞林C
石墨烯
铜

Pt　G-Cu

图 3-18　石墨烯薄膜包覆的铜微丝（G-Cu）用于MRI 兼容的神经电极[48]

　　　　　　　　　　　　　　　　　　　　　　石墨烯生物技术

物组织和细胞产生很大的毒性,裸铜材料不能直接用于制备植入式电极。基于此考虑,我们利用化学气相沉积法在铜微丝上生长了高质量石墨烯薄膜,包覆铜丝以抑制铜的腐蚀溶解,消除其生物毒性。通过 7.4 T MRI 研究,我们发现,石墨烯薄膜包裹的铜微丝电极的伪影为同尺寸铂铱合金电极伪影的 5%～10%。通过离体和在体生物相容性研究,我们发现,石墨烯薄膜包裹的铜微丝电极具有和惰性金属(如铂)相似的生物安全性和生物相容性,说明石墨烯的包裹在不改变铜磁化率的前提下,有效地消除了铜的毒性。同时,我们利用该电极在大鼠海马区成功记录到了高信噪比的单神经元放电信号和局部场电位信号。[48]

对神经电刺激来说,电极需要有更高的电荷注入容量,从而保证在安全的前提下提供有效的电刺激。在前述工作基础上,我们开发了一种具备高 MRI 兼容性、高电荷注入能力和高刺激稳定性的石墨烯纤维电极[图 3-19(a)][49]。针对目前功能磁共振成像(functional Magnetic Resonance Imaging,fMRI)与脑深部电刺激联用技术在神经环路研究中存在部分脑区信号缺失的缺点,我们提出了基于石墨烯纤维电极进行 DBS-fMRI 研究的方法。我们通过水热合成法制备了以石墨烯纤维为主体的 MRI 兼容刺激电极,扫描电镜图像显示了该电极具有多层石墨烯结构,且刺激位点表面粗糙多孔,拥有较大的比表面积[图 3-19(b)]。电化学表征结果证实了该石墨烯纤维电极的阻抗为同尺寸的铂铱合金(临床 DBS 电极材料)电极阻抗的 12.5%(频率为 1 kHz 时),同时,该石墨烯纤维电极的阴极电荷存储容量(Cathodal Charge-storage-capacity,CSCc)和电荷注入密度分别比同尺寸铂铱合金电极大 400 倍和 50 倍,展现出了优良的电化学性能。在体与离体的老化实验证明了其电化学性质稳定,在长期的过电流负载刺激下,电极依然可以稳定工作。

通过 9.4 T MRI 表征,我们发现石墨烯纤维电极的 T2 序列伪影、EPI 序列伪影分别为同尺寸铂铱合金电极伪影的 12.5%、25%。石墨烯纤维电极周围脑区的信噪比显著高于铂铱合金电极信噪比。同时,石墨烯纤维电极不会对周围静磁场产生任何影响,证实了石墨烯纤维电极具有优异的 MRI 兼容性。我们利用石墨烯纤维电极在帕金森综合征大鼠模型上开展

图 3 - 19

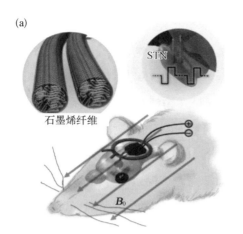

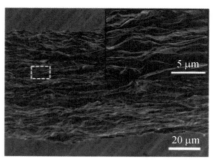

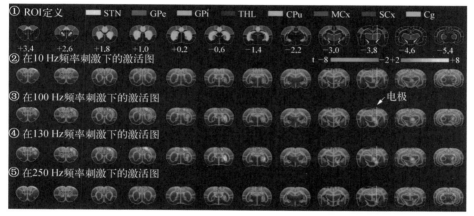

（a）高 MRI 兼容性的石墨烯纤维电极；（b）石墨烯纤维电极的 SEM 图像；（c）帕金森综合征大鼠模型的 DBS - fMRI[49]

了 DBS-fMRI 研究，成功观察到电极所在脑区以及周围脑区的血氧水平依赖（Blood-oxygenation-level-dependent，BOLD）信号，并获得了 DBS 刺激下整脑范围内完整的 fMRI 脑激活图案[图 3 - 19（c）]。在以丘脑底核（Subthalamic Nucleus，STN）为刺激靶点的 DBS 中，我们观察到了包括刺激靶点在内的皮层及皮层下多个脑区的激活，通过研究不同电刺激频率对不同脑区 BOLD 信号幅值的影响，发现电刺激频率为 100 Hz 和 130 Hz 时，效率高于 10 Hz 和 250 Hz 的刺激，这与临床帕金森综合征治疗中所用的电刺激频率一致。

3.9 石墨烯角膜接触镜电极

视网膜电图（Electroretinogram，ERG）是眼科临床电生理的一项基本检查项目，可根据视网膜对闪光的生物电响应特征反映视网膜功能的完整性。该方法不仅可以用于研究视觉形成的机制，也可用于视网膜功能的检查和各种眼底疾病的诊断。角膜接触镜电极是临床 ERG 测量的常用电极，相对于其他电极（如结膜电极），其测得的信号具有高幅值和高稳定性的优点。但传统的角膜电极是硬质的，容易使角膜发生擦伤且舒适度差，而且硬质角膜接触镜电极还易于改变眼睛的屈光，对需要刺激图案投射的多焦 ERG 和图形 ERG 的测量不利。

同时具有光学透明性和柔性的角膜电极在测量 ERG 时有很多优势，柔性球面电极可以和角膜形成共形界面，不仅有利于 ERG 信号的增强，而且还有利于避免屈光的改变。另外，由于透明电极不遮挡视野，可以使记录位点分布在整个角膜表面，从而提供了有效途径来研究 ERG 信号在眼球表面的空间分布特性。2018 年，笔者报道了一种具有广谱光学透明度的柔性球形石墨烯接触镜电极（Graphene Contact Lens Electrode，GRACE），并利用该电极在食蟹猕猴上稳定地记录到了多种全视野 ERG 信号，包括明视 ERG、暗视 ERG 和振荡电位等（图3-20）。相对于传统 ERG-jet 电极，该电极显著提高了 ERG 信号的幅值和信噪比。我们还利用该电极记录到了高质量的多焦 ERG 信号。光学相干断层（Optical Coherence Tomography，OCT）成像和角膜地形图结果显示，柔性球形石墨烯接触镜电极与角膜形成了比硬质接触镜电极更贴合的共形界面，有利于ERG 信号强度的提高和眼睛屈光度的保持。角膜荧光染色实验结果表明，柔性球形石墨烯接触电极在 ERG 测量所需的时间内佩戴后，不会对角膜产生明显损伤，说明了其具有高生物相容性。另外，我们还制备了多通道石墨烯柔性透明微电极阵列，实现了角膜表面空间分辨的多位点 ERG 记录，成功观察到了 ERG 信号幅值在角膜中央最高，并向颞侧和鼻侧递减的空间分布特征。[50]

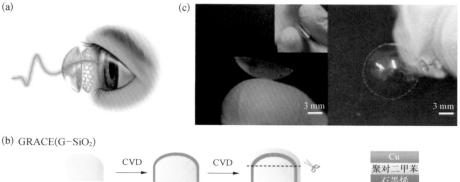

图3-20 用于 ERG 记录的 GRACE 及 其制备流程[50]

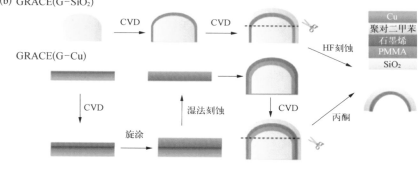

3.10   总结与展望

为了更好地发挥神经接口的潜力,未来的神经电极将会涵盖多重功能,如记录与刺激神经电活动、识别神经递质、神经调控和药物输送等。石墨烯材料由于其独特的结构和优异的物理化学性质,为神经接口设备的发展提供了更多的可能与选择。例如,基于 CVD 法制备的高品质石墨烯的场效应晶体管可以用来制备高密度、大面积的神经电极阵列,以极高的空间分辨率实现大面积的大脑神经电生理记录。基于石墨烯和新兴的二维半导体材料(如 MoS_2)的柔性电极技术,有望在多路复用、克服高密度电极大量连接线所占空间过多等问题方面发挥优势。

针对神经电刺激,具有高孔隙率(或比表面积)的三维或结构化石墨烯薄膜(如 CVD 泡沫石墨烯、石墨烯纤维、rGO 多孔薄膜等)可以提供比其他材料更高的电荷注入容量。此外,我们可以将石墨烯基材料(如石墨烯纳米薄片)作为掺

杂材料加入其他导电薄膜中,以增加薄膜的电导率并提高薄膜的电荷注入能力。石墨烯的单原子层结构使得其对生物分子的检测具有很高的灵敏度,可以为神经接口提供生物传感功能。

石墨烯及其他二维材料具有许多优异的性质,如柔性好、透明度高、电子迁移率高、比表面积大等,同时其表面可进行化学修饰,这些特征为构建大面积、高效的多功能神经接口提供了条件和便利。每种材料都有它独特的优势以及局限,虽然目前基于石墨烯的神经接口还未应用于临床治疗,但我们相信,随着石墨烯产业化的加速发展,石墨烯材料生长技术及成品质量的不断提高,终将使得石墨烯在临床上发挥它独特的优势。

参考文献

[1] Lebedev M A, Nicolelis M A L. Brain-machine interfaces: past, present and future[J]. Trends in Neurosciences, 2006, 29(9): 536 - 546.

[2] Nicolelis M A. Brain-machine interfaces to restore motor function and probe neural circuits[J]. Nature Reviews Neuroscience, 2003, 4(5): 417 - 422.

[3] Daly J J, Wolpaw J R. Brain-computer interfaces in neurological rehabilitation[J]. The Lancet Neurology, 2008, 7(11): 1032 - 1043.

[4] Arantes P R, Cardoso E F, Barreiros M A, et al. Performing functional magnetic resonance imaging in patients with Parkinson's disease treated with deep brain stimulation[J]. Movement Disorders, 2006, 21(8): 1154 - 1162.

[5] Benabid A L, Chabardes S, Mitrofanis J, et al. Deep brain stimulation of the subthalamic nucleus for the treatment of Parkinson's disease [J]. Lancet Neurology, 2009, 8(1): 67 - 81.

[6] Coffey R J. Deep brain stimulation devices: A brief technical history and review [J]. Artificial Organs, 2009, 33(3): 208 - 220.

[7] Dandekar M P, Fenoy A J, Carvalho A F, et al. Deep brain stimulation for treatment-resistant depression: An integrative review of preclinical and clinical findings and translational implications[J]. Molecular Psychiatry, 2018, 23(5): 1094 - 1112.

[8] Mayberg H S, Lozano A M, Voon V, et al. Deep brain stimulation for treatment-resistant depression[J]. Neuron, 2005, 45(5): 651 - 660.

[9] Spelman F A. Cochlear electrode arrays: Past, present and future[J]. Audiology &

Neuro-Otology, 2006, 11(2): 77 – 85.

[10] Picaud S, Sahel J A. Retinal prostheses: Clinical results and future challenges[J]. Comptes Rendus Biologies, 2014, 337(3): 214 – 222.

[11] Kostarelos K, Vincent M, Hebert C, et al. Graphene in the design and engineering of next-generation neural interfaces[J]. Advanced Materials, 2017, 29(42): 1700909.1 – 1700909.7.

[12] Hochberg L R, Serruya M D, Friehs G M, et al. Neuronal ensemble control of prosthetic devices by a human with tetraplegia[J]. Nature, 2006, 442(7099): 164 – 171.

[13] Serruya M D, Hatsopoulos N G, Paninski L, et al. Brain-machine interface: Instant neural control of a movement signal[J]. Nature, 2002, 416(6877): 141 – 142.

[14] Velliste M, Perel S, Spalding M C, et al. Cortical control of a prosthetic arm for self-feeding[J]. Nature, 2008, 453(7198): 1098 – 1101.

[15] O'Doherty J E, Lebedev M A, Ifft P J, et al. Active tactile exploration using a brain-machine-brain interface[J]. Nature, 2011, 479(7372): 228 – 231.

[16] Collinger J L, Wodlinger B, Downey J E, et al. High-performance neuroprosthetic control by an individual with tetraplegia[J]. Lancet, 2013, 381(9866): 557 – 564.

[17] Miltner W H, Braun C, Arnold M, et al. Coherence of gamma-band EEG activity as a basis for associative learning[J]. Nature, 1999, 397(6718): 434 – 436.

[18] Engstrom D R, London P, Hart J T. Hypnotic susceptibility increased by EEG alpha training[J]. Nature, 1970, 227(5264): 1261 – 1262.

[19] Wilson J A, Felton E A, Garell P C, et al. ECoG factors underlying multimodal control of a brain-computer interface[J]. IEEE Transactions on Neural Systems and Rehabilitation Engineering, 2006, 14(2): 246 – 250.

[20] Buzsáki G, Anastassiou C A, Koch C. The origin of extracellular fields and currents: EEG, ECoG, LFP and spikes[J]. Nature Reviews Neuroscience, 2012, 13(6): 407 – 420.

[21] Fattahi P, Yang G, Kim G, et al. A review of organic and inorganic biomaterials for neural interfaces[J]. Advanced Materials, 2014, 26(12): 1846 – 1885.

[22] Foltynie T, Zrinzo L, Martinez-Torres I, et al. MRI-guided STN DBS in Parkinson's disease without microelectrode recording: efficacy and safety[J]. Journal of Neurology, Neurosurgery & Psychiatry, 2010, 82(4): 358 – 363.

[23] Wyllie E, Lachhwani D K, Gupta A, et al. Successful surgery for epilepsy due to early brain lesions despite generalized EEG findings[J]. Neurology, 2007, 69(4): 389 – 397.

[24] Chowdhury T K. Fabrication of extremely fine glass micropipette electrodes[J]. Journal of Scientific Instruments, 1969, 2(12): 1087 – 1090.

[25] Prasad A, Xue Q S, Sankar V, et al. Comprehensive characterization and failure

modes of tungsten microwire arrays in chronic neural implants[J]. Journal of Neural Engineering, 2012, 9(5): 056015.

[26] Williams J C, Rennaker R L, Kipke D R. Long-term neural recording characteristics of wire microelectrode arrays implanted in cerebral cortex[J]. Brain Research Protocols, 1999, 4(3): 303 – 313.

[27] Harrison R R, Watkins P T, Kier R J, et al. A low-power integrated circuit for a wireless 100-electrode neural recording system[J]. IEEE Journal of Solid-State Circuits, 2007, 42(1): 123 – 133.

[28] Negi S, Bhandari R, Rieth L, et al. Neural electrode degradation from continuous electrical stimulation: Comparison of sputtered and activated iridium oxide[J]. Journal of Neuroscience Methods, 2010, 186(1): 8 – 17.

[29] Seymour J P, Langhals N B, Anderson D J, et al. Novel multi-sided, microelectrode arrays for implantable neural applications [J]. Biomedical Microdevices, 2011, 13(3): 441 – 451.

[30] Novoselov K S, Geim A K, Morozov S V, et al. Electric field effect in atomically thin carbon films[J]. Science, 2004, 306(5696): 666 – 669.

[31] Allen M J, Tung V C, Kaner R B. Honeycomb carbon: A review of graphene[J]. Chemical Reviews, 2010, 110(1): 132 – 145.

[32] Choi W, Lahiri I, Seelaboyina R, et al. Synthesis of graphene and its applications: A review[J]. Critical Reviews in Solid State and Materials Sciences, 2010, 35(1): 52 – 71.

[33] Li X S, Cai W W, An J, et al. Large-area synthesis of high-quality and uniform graphene films on copper foils[J]. Science, 2009, 324(5932): 1312 – 1314.

[34] Yang L, Li Y C, Fang Y. Nanodevices for cellular interfaces and electrophysiological recording[J]. Advanced Materials, 2013, 25(28): 3881 – 3887.

[35] Cohen-Karni T, Qing Q, Li Q, et al. Graphene and nanowire transistors for cellular interfaces and electrical recording[J]. Nano Letters, 2010, 10(3): 1098 – 1102.

[36] Cheng Z G, Li Q, Li Z J, et al. Suspended graphene sensors with improved signal and reduced noise[J]. Nano Letters, 2010, 10(5): 1864 – 1868.

[37] Cheng Z G, Hou J F, Zhou Q Y, et al. Sensitivity limits and scaling of bioelectronic graphene transducers[J]. Nano Letters, 2013, 13(6): 2902 – 2907.

[38] Park J U, Nam S W, Lee M S, et al. Synthesis of monolithic graphene-graphite integrated electronics[J]. Nature Materials, 2011, 11(2): 120 – 125.

[39] Heo C, Lee S Y, Jo A, et al. Flexible, transparent, and noncytotoxic graphene electric field stimulator for effective cerebral blood volume enhancement[J]. ACS Nano, 2013, 7(6): 4869 – 4878.

[40] Blaschke B M, Tort-Colet N, Guimerà-Brunet A, et al. Mapping brain activity

with flexible graphene micro-transistors[J]. 2D Materials, 2017, 4(2): 025040.

[41] Kuzum D, Takano H, Shim E, et al. Transparent and flexible low noise graphene electrodes for simultaneous electrophysiology and neuroimaging [J]. Nature Communications, 2014, 5: 5259.

[42] Park D W, Schendel A A, Mikael S, et al. Graphene-based carbon-layered electrode array technology for neural imaging and optogenetic applications[J]. Nature Communications, 2014, 5: 5258.

[43] Park D W, Ness J P, Brodnick S K, et al. Electrical neural stimulation and simultaneous *in vivo* monitoring with transparent graphene electrode arrays implanted in GCaMP6f mice[J]. ACS Nano, 2018, 12(1): 148-157.

[44] Apollo N V, Maturana M I, Tong W, et al. Soft, flexible freestanding neural stimulation and recording electrodes fabricated from reduced graphene oxide[J]. Advanced Functional Materials, 2015, 25(23): 3551-3559.

[45] Wang K, Frewin C L, Esrafilzadeh D, et al. High-performance graphene-fiber-based neural recording microelectrodes [J]. Advanced Materials, 2019, 31 (15): 1805867.

[46] Liu N, Chortos A, Lei T, et al. Ultratransparent and stretchable graphene electrodes[J]. Science Advance, 2017, 3(9): e1700159.

[47] Yang L, Zhao Y, Xu W J, et al. Highly crumpled all-carbon transistors for brain activity recording[J]. Nano Letters, 2017, 17(1): 71-77.

[48] Zhao S Y, Liu X J, Xu Z, et al. Graphene encapsulated copper microwires as highly MRI compatible neural electrodes[J]. Nano Letters, 2016, 16(12): 7731-7738.

[49] Zhao S Y, Li G, Tong C J, et al. Full activation pattern mapping by simultaneous deep brain stimulation and fMRI with graphene fiber electrodes [J]. Nature Communications, 2020, 11(1): 1788.

[50] Yin R K, Xu Z, Mei M, et al. Soft transparent graphene contact lens electrodes for conformal full-cornea recording of electroretinogram [J]. Nature Communications, 2018, 9(1): 2334.

第 4 章

石墨烯生物成像

4.1　简介

　　自 2004 年首次剥离出单层石墨烯以来，石墨烯在化学、材料、物理以及生物医学等领域都受到了广泛的关注[1,2]。石墨烯、氧化石墨烯、还原氧化石墨烯、石墨烯量子点及石墨烯衍生物等，在生物成像方面的应用也得到了快速发展[2,3]。

　　石墨烯基材料潜在的生物医学应用范围包括药物递送、近红外光诱导的光热疗法、组织工程、生物传感和生物成像等[3,4]。其中，生物成像在基础研究和临床应用中发挥着关键作用：在基础研究中，借助生物成像，可以观察和研究不同层次的生物过程；在临床应用中，借助于特定的分子探针或造影剂，可以检测诊断一些早期不易发现的疾病，并指导治疗[3-5]。通过对石墨烯基材料功能化，可以获得不同特征的石墨烯基纳米材料，从而可以用于各种特定需求的生物成像[5]。在本章节中，将着重介绍石墨烯基纳米材料应用于不同的生物成像模式，包括光学成像、正电子发射断层扫描（Positron Emission Tomography，PET）、单光子发射计算机断层扫描（Single Photon Emission Computed Tomography，SPECT）、磁共振成像（Magnetic Resonance Imaging，MRI）、光声成像（Photoacoustic Imaging，PAI）、计算机断层扫描（Computed Tomography，CT）和多模态成像（图 4-1）。最后，将简要讨论石墨烯生物成像应用的前景和挑战。

4.2　用于生物成像的石墨烯基纳米材料

　　用于生物成像的石墨烯基纳米材料主要包括石墨烯、氧化石墨烯（Graphene Oxide，GO）、还原氧化石墨烯（reduced Graphene Oxide，rGO）、石墨烯量子点（Graphene Quantum Dot，GQD）[2,3]。

由于带隙与缺陷的存在,纳米尺寸的石墨烯和 GO 可以光致发光,并且它们具有优异的光稳定性,因此能够作为分子探针用于生物成像[6]。GO 可以用作无机纳米材料合成的模板,如氧化铁[7]、金纳米颗粒[8]、银纳米颗粒[9]等,GO 的一些官能团(如羧基和羟基)可以作为与金属离子结合的位点,并在

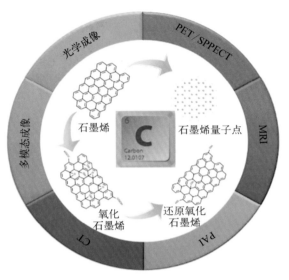

图 4-1 石墨烯基纳米材料用于不同的生物成像模式[3]

金属离子和 GO 的相互作用位点周围形成核,随后在核周围生长纳米材料[9],从而制备 GO 与这些材料的复合纳米材料,例如通过该方法制备的 GO/氧化铁复合材料可以用作 MRI 造影剂。GO/金属复合材料还可以通过还原相应的金属离子来制备[9],通过使用不同的还原剂,可以控制金属纳米颗粒的尺寸、形状和形态。GO/金属复合材料可用于 X 射线 CT 成像。以上介绍的都是采用原位生长的方法制备的石墨烯基纳米材料,此外,GO 与无机纳米材料之间有非常强的共价结合,从而可以用于修饰石墨烯基材料的表面,例如,一些染料、纳米颗粒和生物分子可以与 GO/rGO 共价连接,以用于荧光成像和主动靶向[10-12]。同时,共价结合也可用于放射性核素标记,放射性核素标记的 GO 可以作为造影剂用于 PET/SPECT 成像[10]。除了共价结合之外,GO/rGO 与无机纳米材料之间也可以进行非共价结合,通过一些非共价相互作用力将无机纳米材料沉积到 GO 片上,该方法不影响石墨烯的天然结构[13,14],可以很好地控制纳米材料的尺寸、形状和功能,同时保持了原始纳米颗粒的荧光性质,使合成的复合纳米材料可用于荧光成像[15]。许多药物、光敏剂等也可以通过疏水相互作用和 $\pi-\pi$ 堆积有效地加载到石墨烯、rGO 或 GO 片的表面[16,17]。

GQD 由于其优异的生物相容性、低细胞毒性、表面功能化的可行性、生理稳定性和可调荧光性,在生物成像应用中显示出了巨大的潜力[18]。在癌

症生物成像方面，对 GQD 进行生物功能化后，GQD 可以用于特定肿瘤细胞成像，并且可以实时分子成像[19]。GQD 表面和边缘上的羧基提供了与各种聚合物、有机物和无机物相互作用的有效反应位点，这提供了通过表面调制和掺杂等简便化学方法调控 GQD 光学特性的机会，并且由于 GQD 本身就是低毒性的，因而 GQD 探针在替代生物分析中传统的荧光探针方面非常有潜力[20]。

4.3　石墨烯基纳米材料生物成像

4.3.1　光学成像

石墨烯基纳米材料被广泛应用于光学成像中，主要包括荧光成像（Fluorescence Imaging）、双光子荧光成像（Two-photon Fluorescence Imaging，TPFI）及拉曼成像（Raman Imaging）等。GQD 由于其固有的光致发光效应，可用作荧光成像的光致发光探针。氮掺杂的 GQD（N-GQD）表现出强双光子吸收截面，并被证明是用于 TPFI 的高效双光子荧光探针[21]。对拉曼成像来说，金属纳米颗粒（金或银）可以进一步增强 GO 的固有拉曼信号（1600 cm^{-1} 附近的 G 峰和 1350 cm^{-1} 附近的 D 峰），因此可以用于表面增强拉曼散射（Surface-Enhanced Raman Scattering，SERS）成像[9]。

（1）荧光成像

荧光成像是一种基于荧光探针发射光子的非侵入性成像技术。基于纳米氧化石墨烯（nGO）的固有光致发光，聚乙二醇（PEG）修饰的纳米氧化石墨烯（nGO-PEG）被成功用于近红外区对细胞进行的荧光成像[22]。但是由于 nGO-PEG 荧光成像的量子产率低，限制了其在动物体内荧光成像的应用。许多研究团队利用有机荧光染料将 GO/rGO 功能化，制备有机荧光染料-GO/rGO 复合材料，以用于在体和离体的荧光成像。例如，Liu 研究团队用 Cy7 去结合 nGO-PEG，开发了一种近红外染料——nGO-PEG-Cy7，其可以用于肿瘤异种移植小

鼠的在体荧光成像,由于肿瘤的高渗透长滞留效应,nGO-PEG-Cy7 在肿瘤处高浓度聚积[10]。对于 GO/rGO 的染料标记,荧光染料与 GO/rGO 之间的连接(如 PEG)对于防止荧光染料的荧光猝灭至关重要[23],因为荧光猝灭、光漂白等缺点都会影响荧光标记的应用。由于有机荧光染料的潜在光漂白,一些无机纳米材料也已被用于与 GO/rGO 复合,以用于荧光成像。除了 nGO 和 GO/rGO 之外,其他石墨烯基纳米材料也可用于荧光成像。例如,Nurunnabi 等制备了近红外石墨烯纳米颗粒(GNP),其可用于深部组织和器官的非特异性和非侵入式光学成像,经细胞活性实验证明,这种 GNP 几乎没有任何细胞毒性。图 4-2 为小鼠尾静脉注射近红外 GNP 后的荧光成像,非特异性纳米颗粒在许多可能的位点累积[24]。除此之外,GQD 由于其优异的光致发光性能也被广泛应用于荧光成像,并且相比于传统的含有重金属元素的半导体量子点,GQD 不会对人体健康造成危害,因此具有极大的应用前景。

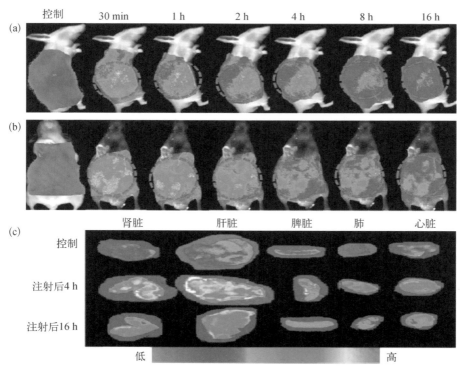

图 4-2 小鼠尾静脉注射近红外 GNP 后侧面(a)和正前方(b)的荧光成像,可以看到造影剂注射后荧光强度随着时间逐渐减弱;(c)不同器官的离体成像[24]

最新研究表明，GO 在 RNA 荧光成像中也可以发挥重要的作用。在 microRNA 相关的生理与病理过程研究中，细胞和活体水平的 microRNA 的原位成像至关重要。然而，目前常用的成像方法信噪比普遍较低，对成像质量和灵敏度造成了极大的影响。针对这个问题，Yang 等利用 GO 增强了分子信标（Molecular Beacon，MB）信号分子的猝灭，开发了一种对 microRNA 进行活体荧光成像的方法，结果证明其具有很高的灵敏度[25]。通过将两个 Cy5 分子偶联到 MB 的两个末端得到了 2Cy5‐MB，自猝灭效应会减弱两个 Cy5 分子的荧光强度，吸附在 GO 表面后，通过荧光共振能量转移进一步增强了分子的荧光猝灭，这种双猝灭作用使荧光背景得到了显著的降低。当有 microRNA 分子存在的情况下，能同时恢复两个 Cy5 分子的荧光信号，显著增强了信号-背景比，从而使检测灵敏度得到极大的提升。

（2）双光子荧光成像

近年来双光子荧光成像（TPFI）在基础研究中受到了广泛的关注与应用。跟单光子荧光成像相比，TPFI 具有较小的自发荧光背景和较大的成像深度（由于近红外光的低瑞利散射和低生物组织吸收），TPFI 的光漂白和光毒性更小，因为不需要共焦小孔，TPFI 可以使用全场探测的方式收集尽可能多的荧光信号[2]。另外，TPFI 采用超短激光脉冲作为激发光源，在保持较高的峰值功率的同时，具有较低的平均输出功率，从而能有效减弱激光对生物样品的热损伤，对生物组织来说比较安全。并且双光子非线性激发模式具有更高的空间分辨率。此外，双光子激发波长为 700～1350 nm，此波段光在生物组织中的吸收和散射较小，可以达到更大的穿透深度，因此它非常适合于对深部器官和组织进行成像，可以用于对生物样品深部位置进行各种细胞水平和亚细胞水平的高分辨成像和分析[2,3]。

近些年来，包括碳点（C-Dot）、GO 和 GQD 在内的碳基纳米材料在 TPFI 领域引起了研究者们极大的兴趣。Wang 和 Gu 等首次报道了具有强双光子发光性质的转铁蛋白功能化的光学探针——GO-PEG，及其用于三维 TPFI 和激光引导的癌症显微手术，并且该探针不会发生光漂白[26]。之后，Gong 研究团队开发了氮掺杂的石墨烯量子点（N‐GQD）作为高效双光子荧光探针，其可用于细胞

和深部组织成像[27]（图4-3）。用二甲基甲酰胺作为溶剂和氮源，通过溶剂热法成功制备了平均尺寸约为3 nm的N-GQD。图4-3(b)为N-GQD的单光子荧光（One-photon Fluorescence，OPF）光谱与双光子荧光（Two-photon Fluorescence，TPF)光谱，在800 nm飞秒脉冲激光激发下，N-GQD的最大双光子荧光发射波长与N-GQD的最大单光子荧光发射波长几乎相同，但TPF的光

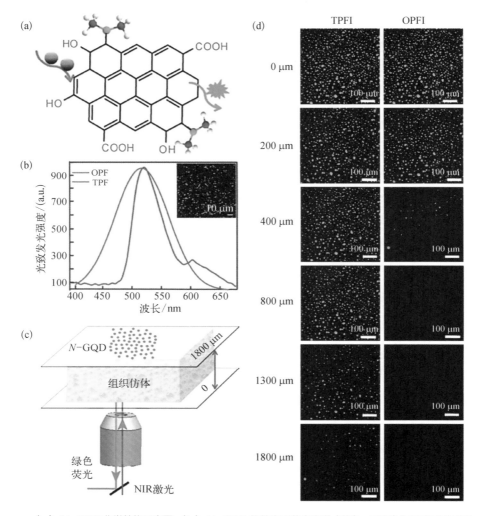

图4-3 N-GQD作为高效双光子荧光探针用于细胞和深部组织成像

（a）N-GQD化学结构示意图；（b）N-GQD的单光子荧光光谱（蓝色，OPF）与双光子荧光光谱（红色，TPF），插图是干燥的N-GQD样品的双光子荧光图像；（c）对不同厚度的生物组织仿体用N-GQD进行TPFI的示意图；（d）在不同深度处对组织仿体的TPFI和OPFI图[3, 27]

谱带宽更窄。如图 4-3(d)所示,即使在 1800 μm 的深度,生物组织仿体中的 N-GQD仍然有着明显的 TPF 信号,尽管荧光强度显著降低,但是还是可以被识别。相较之下,单光子荧光成像(One-photon Fluorescence Imaging, OPFI)的最大穿透深度仅为 400 μm。显然,使用 N-GQD 作为荧光探针的 TPFI 特别适用于深部生物组织和结构的活体研究。

最近的研究表明,一种简单的两步微波辅助方法,可用于制备具有优异荧光特性的腺嘌呤修饰的石墨烯量子点(A-GQD),如图 4-4 所示。得到的 A-GQD 的尺寸为 3~5 nm,显示出强烈的荧光,量子产率为 21.63%,平均寿命为4.47 ns。A-GQD 呈现双光子绿色荧光,同时具有优异的生物相容性,使其适用于双光子荧光细胞成像,并且具有较高的对比度。除此之外,A-GQD 还被证明具有高效的白光激活的抗菌特性[28]。基于其优异的光致发光性能、高生物相容性和抗菌等特性,A-GQD 在生物医学中的应用越来越多。

图 4-4 具有优异荧光特性的 A-GQD[28]

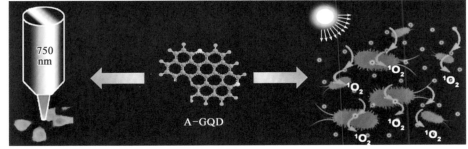

(3) 拉曼成像

与荧光不同,拉曼光谱利用来自分子振动激发模式的声子的非弹性散射[2]。拉曼成像提供了一个强大的分析工具,其具有较高的信噪比和可忽略的光漂白。通过将 GO 或 rGO 与金属纳米颗粒复合,可以制备具有较强的拉曼信号的拉曼成像探针,用于各种不同的生物医学应用。

GO 的拉曼光谱具有固有的强 D 峰和 G 峰,并且可以通过复合金属纳米颗粒来进一步增强[29, 30]。通过在 GO 上原位还原 Ag⁺ 得到的 Ag/GO 复合

物,其显示出显著的表面增强拉曼散射(SERS)效应[9]。叶酸结合的 Ag/GO 复合物也被开发出来,以用于叶酸受体阳性的癌细胞上的靶向 SERS 成像[29]。另外,通过在 GO 上原位还原 $AuCl_4^-$ 可以得到 Au/GO 复合物,相对于添加原始 GO 培养的海拉细胞,添加了 Au/GO 复合物培养的海拉细胞显示出了更强的拉曼信号,得到了对比度更高的拉曼图像。Ma 等制备了一种金纳米颗粒被紧密包裹在纳米 GO(NGO)内的复合拉曼成像探针 Au@NGO,其可应用于药物递送系统[31],经测量,Au@NGO 的 D 峰和 G 峰的强度比 NGO 高出一个数量级,这表明 Au@NGO 可以进行高灵敏度的拉曼成像。Liz-Marzán 团队发展了一种种子介导的还原氧化石墨烯-金纳米星(rGO-Au NS)复合材料的生长方法,该复合材料可以用于抗肿瘤药物阿霉素 DOX 的加载,利用金纳米星的 SERS 效应,可以通过拉曼成像监控 pH 的改变,诱导 DOX 的释放,该复合材料提供了可以同时递送药物并能跟踪递送过程的平台[32]。除原位合成的方法外,Zhang 研究团队还通过 π-π 堆积与其他分子相互作用,将经过预修饰的金纳米颗粒分别非共价地连接到 GO 和 rGO 片上,开发了 Au/GO 和 Au/rGO 复合材料[13,33],实验证明了 Au/GO 复合材料是比金纳米颗粒更好的 SERS 基底。

4.3.2 放射性核素成像

放射性核素成像具有高灵敏度与准确度,且穿透深度不受限制,可以准确地追踪标记物在体内的行为,同时可以提供定量分析[34]。基于放射性核素的成像方式主要包含 PET 和 SPECT。作为极具应用前景的材料,石墨烯基纳米材料在 PET 和 SPECT 成像中的作用日益凸显。

用放射性核素标记的石墨烯基纳米材料可以用于 PET 成像,Liu 研究团队用 ^{125}I 标记的 nGO-PEG 作为 PET 造影剂[10]。基于这种放射性核素标记的方法,很多研究相继开展。例如,Hong 等通过使用 ^{64}Cu 标记 nGO-PEG 进行了活体肿瘤 PET 成像(图 4-5),通过将抗体 TRC105 连接在 nGO-PEG 上,首次实现了通过石墨烯基纳米材料进行活体肿瘤的主动靶向[35]。图 4-5(a)为 GO 螯合

图 4 - 5 64Cu 标记的 nGO-PEG 进行活体肿瘤 PET 成像[35]

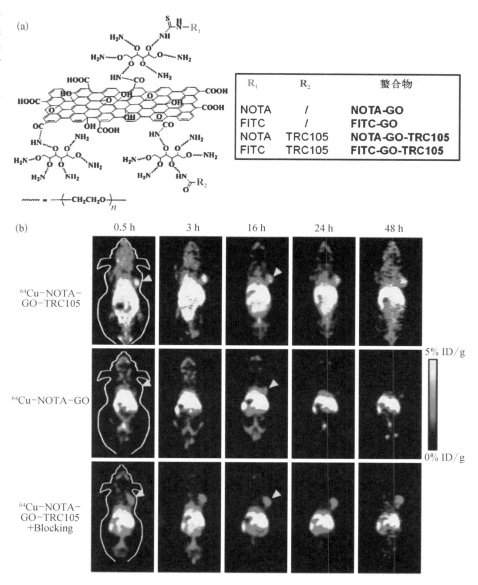

物通过螯合剂 NOTA 被64Cu 标记,图 4 - 5(b)为不同条件下造影剂注射后不同时间点的 PET,其成像的结果证明了肿瘤主动靶向的特异性。此外,也可以使用66Ga 标记 nGO-PEG 来进行肿瘤 PET 成像[36]。

　　与 PET 相比,SPECT 灵敏度约为 PET 的十分之一,但 SPECT 具有能够同时成像多种不同能量的放射性核素的优点。此外,SPECT 不需要回旋加速器,

在临床中其使用上比 PET 更广泛,并且 SPECT 放射性核素制备简单,半衰期通常比 PET 放射性核素更长。Cornelissen 等使用抗－HER2 抗体(曲妥珠单抗)螯合的 nGO,用 [111]In－苄基–二亚乙基三胺五乙酸(BnDTPA)进行放射性标记,用于肿瘤的活体靶向和 SPECT 成像[37]。放射性标记的 nGO－曲妥珠单抗螯合物比原始曲妥珠单抗表现出更好的药代动力学过程,并且能更快地从身体中代谢掉。此外,Fazaeli 等用 [198, 199]Au 纳米颗粒标记了氨基化的 GO 片(AF－GO),制备的 [198, 199]Au @ AF－GO 纳米复合材料也可用于活体肿瘤靶向和 SPECT 成像,该材料具有优异的肿瘤靶向特性,并且也能够快速地从身体中代谢掉[38]。

4.3.3　磁共振成像

相比于放射性核素成像、计算机断层扫描等具有电离辐射的成像方式,磁共振成像是非常安全的。并且 MRI 不仅可以进行结构成像,对软组织有着非常优异的区分度,还可以进行功能成像。MRI 利用氢质子在射频脉冲激励下发生弛豫产生的信号进行成像,主要分为纵向弛豫和横向弛豫,分别对应 T1 加权像和 T2 加权像。借助 MRI 造影剂,可以得到随时间变化的动态增强的图像,从而获得在结构像中看不出的信息,对临床诊断与治疗至关重要,例如用动态对比增强磁共振成像(Dynamic Contrast Enhanced-Magnetic Resonance Imaging,DCE-MRI)的方法来筛查肿瘤。T1 造影剂主要是基于钆(Gd)的螯合物,其在 T1 加权像上起着信号增强的作用,从而产生更明亮的信号。T2 造影剂通常是氧化铁纳米颗粒(Iron Oxide Nanoparticle,IONP),其在 T2 加权像上起着减弱信号的作用,使图像更暗。

由于与生物分子的非选择性配位,顺磁性金属离子如钆(Gd)和锰(Mn)通常是有毒的。GO 具有许多含氧官能团和空位,可以通过在石墨烯层之间螯合这些有毒的金属离子实现 GO 与离子配位,从而减轻这些离子的生物毒性[2]。例如,使用羧基苯基化石墨烯纳米带(Graphene Nanoribbon,GNR)螯合的 Gd^{3+} 作为造影剂,T1 加权 MRI 的弛豫率比目前临床上使用的基于 Gd^{3+} 的造影剂的弛豫

率大 16～21 倍,并且 T1 加权像和 T2 加权像具有更好的 MRI 对比度[39]。由于 IONP 具有能直接生长在石墨烯上的优势,因此其作为 T2 造影剂的超顺磁性 GO - IONP 复合材料被广泛研究[23]。除顺磁性金属复合物和 IONP 外,还可以创建 C—F 键作为顺磁性中心,使用氟化石墨烯氧化物(Fluorinated Graphene Oxide,FGO)作为非磁性纳米颗粒碳基 MRI 造影剂[40]。FGO 的磁化强度与磁场强度呈线性关系,表明其具有顺磁性。比起相同浓度的 GO,FGO 显示出了优异的 T2 加权像对比度(图 4-6)。

图 4-6

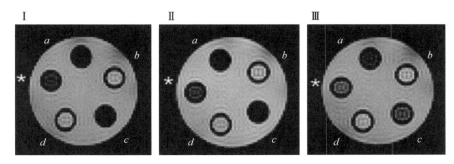

在 4.7 T MRI 上获得的 T2 加权像,其中 FGO(Ⅰ: a= 625 μg/mL, c= 500 μg/mL; Ⅱ: a= 313 μg/mL, c= 250 μg/mL; Ⅲ: a= 156 μg/mL, c= 125 μg/mL)和 GO(Ⅰ: b= 625 μg/mL, d= 500 μg/mL; Ⅱ: b= 313 μg/mL, d= 250 μg/mL; Ⅲ: b= 156 μg/mL, d= 125 μg/mL),阳性对照(*)由稀释的磁化剂(0.5 mg/mL)组成[40]

纳米造影剂在医学磁共振成像中常用来增加对比度,石墨烯量子点(GQD)在其中也起着重要的应用。在最新的研究中,Zhou 研究团队合成了用不同链长 PEG 官能化的亲水性钆特酸葡甲胺(Gd-DOTA)复合物,并将其掺入 GQD 中以获得顺磁性石墨烯量子点(Paramagnetic Graphene Quantum Dot,PGQD)[41]。结果表明,在氢核磁共振谱(^{1}H - NMR)弛豫研究中,PGQD 的性能改善,其弛豫率比现有的商业 MRI 造影剂(如最常用的马根维显 Gd-DTPA)高 16 倍左右,并且 PGQD 的弛豫率可以通过调节 PEG 的链长来控制。静脉注射 PGQD 后,通过 MRI 还可以动态监测其通过肿瘤区域的过程,如图 4-7 所示。该研究为高效 MRI 造影剂的设计和合成提供了新的思路。

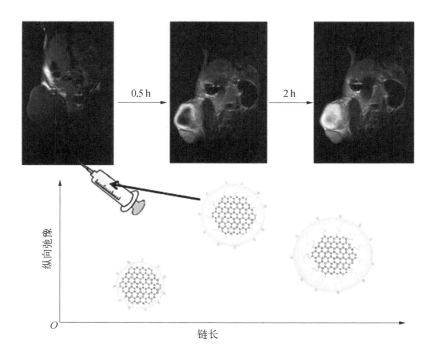

图 4-7 不同链长
PEG 修饰的 PGQD,
T1 加权 MRI 显示
了造影剂在肿瘤区
域的渗透过程[41]

4.3.4 光声成像

近些年来,光声成像已经被认为是最有前景的生物光子诊断模式之一,该技术具有高空间分辨率、高穿透深度、非电离辐射、无创成像和光学功能化成像等特点。石墨烯具有超大的比表面积和强烈的近红外吸收特性,可用作递送药物或基因的纳米载体,以及治疗肿瘤的光热剂。此外,石墨烯衍生物的固有光学性质使其具有优异的光声对比度,可用于光声成像。

氧化石墨烯具有许多优异的性质,例如易于制备、低毒性、良好的溶解性和稳定性等。然而,由于 GO 本身是低 NIR 吸收,因此不适用于光声成像。为了克服这种限制,利用 GO 和吲哚菁绿(Indocyanine Green,ICG)之间的 π-π 堆积相互作用可以制备新型的 GO 复合物,通过结合在 NIR 具有强吸收性的 ICG 进一步增强 GO 的吸收截面,得到的 ICG-GO 在 NIR 具有高光学吸收,可以作为超高灵敏度的 PAI 造影剂。另外,可用叶酸(Folic Acid,FA)修饰 GO,制备的 ICG-GO-FA 纳米复合材料具有优异的光声效应,证明了其在光声成像中应用的潜力[42]。

在石墨烯基纳米材料大家族中,rGO 也可以作为 PAI 造影剂发挥作用。rGO 比 GO 具有更大的 sp² 区域,可以对 NIR 进行更有效的吸收,但是其水溶性不好,可以通过制备横向尺寸较小的纳米石墨烯片来克服这个缺点,纳米石墨烯片在水中可以更容易地分散开,结合其在 NIR 的高吸收,可以较好地应用于光声成像[43, 44]。

4.3.5 计算机断层扫描

计算机断层扫描通过测量组织对 X 射线的衰减程度来成像,图像的主要衬度来源于不同组织对 X 射线的吸收差异,也就是衰减系数的差异,其可以提供高对比度的解剖结构图像。CT 对于骨骼与软组织的区分度很高,但对软组织的区分效果不佳。

含有高原子序数元素(如碘、铋或金)的纳米材料通常被用作 CT 造影剂,因为其具有高 X 射线衰减系数。为了呈现较好的 CT 对比度,这些元素通常需要具有较高的浓度。据研究,可以使用 GO @ Ag 纳米复合材料作为 X 射线成像的造影剂[45]。除此之外,GO－BaGdF₅－PEG 纳米复合材料可用于活体肿瘤的 X 射线 CT 成像,比起商业上常用的碘海醇,GO－BaGdF₅－PEG 纳米复合材料显示出了更好的 X 射线衰减特性[46]。

4.3.6 多模态成像

近些年来,多模态成像越来越受到关注。多模态成像可以结合单个成像模态的优点,收集来自不同成像模态的信息,从而提高诊断效率和准确性。

石墨烯基纳米材料由于具有超大的比表面积和多样的化学性质,已被广泛用作构建多模态成像造影剂。研究表明,基于其高 NIR 吸光度和强磁性,rGO－IONP－PEG 纳米复合材料可以用作三重模态 FL、PAI 和 MRI 的多模态成像探针[47]。在合成的 GO－IONP 上生长一层金纳米颗粒,获得的 GO－IONP－Au－PEG 纳米复合材料可以进行 MRI 和 X 射线成像两种模态的成像[48]。直接在 GO 纳米片表面生长 BaGdF₅ 纳米颗粒可以得到 GO－BaGdF₅－PEG 纳米复合材

料,相比常用的碘海醇造影剂,GO-BaGdF₅-PEG 纳米复合材料具有更好的 MRI 对比度和 X 射线衰减特性,并显示出低的细胞毒性,这使得其能够有效地用于 MRI 和 X 射线 CT 两种模态的成像[46]。

为了获得高分辨率的宏观解剖信息和高灵敏度的显微光学信号,研究者们非常希望在医学成像中开发出可同时应用于磁共振成像和荧光成像的双模态造影剂。最新研究表明,双光子石墨烯量子点可用于 Gd_2O_3 纳米颗粒的修饰,从而将 MRI 造影剂与双光子荧光成像功能集成到一个纳米探针中[49],如图 4-8 所示。光致发光结果表明,GQD 修饰过程将 MRI 特性与单光子和双光子成像特性结合了起来。与商业马根维显(Gd-DTPA)和一些文献报道的造影剂相比,Gd_2O_3/GQD 纳米复合材料的纵向弛豫率显著提高,并且具有优异的水溶性和良好的生物相容性,是理想的双模态成像造影剂,具有重要的生物和临床应用价值。

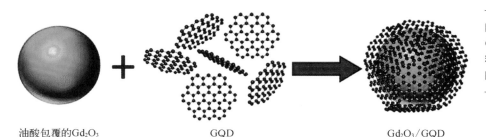

油酸包覆的Gd₂O₃　　　　GQD　　　　　　Gd₂O₃/GQD

图 4-8　Gd₂O₃/GQD 纳米复合材料的制备示意图[49]

4.4　总结与展望

在本章中,笔者总结了各种石墨烯基纳米材料作为成像造影剂用于不同的生物成像应用。对于荧光成像,染料、光敏剂等无机纳米材料功能化的 GO/rGO 已被广泛使用。由于其固有的光致发光,GQD 及其衍生物也已被用于单光子和双光子荧光成像。具有固有的强烈拉曼信号的 GO 已用于拉曼成像,可通过复合金属纳米颗粒(Au 或 Ag)来进一步增强拉曼散射以提高成像的灵敏度。此外,放射性核素标记的 GO 可用于 PET 和 SPECT 成像。顺磁性金属离子或 IONP 功能化的

　　　　　　　　　　　　　　　　　　石墨烯生物技术

GO/rGO 可用于 MRI。在 NIR 区具有强的光吸收的 rGO 或被修饰的 GO 可用于 PAI。含有高原子序数元素的纳米颗粒可以与 GO 结合以用于 X 射线 CT 成像。通过将具有特定性能的其他材料结合到 GO 或 GQD 上，可以实现多模态成像。总之，基于石墨烯的纳米材料在生物成像中表现出了巨大的应用潜力。

对于生物成像应用，石墨烯基纳米材料的作用日益彰显。第一，它们固有的荧光发射、拉曼散射和 NIR 吸收使它们可以作为成像造影剂；第二，因为它们具有两个易于接触的面、超大的比表面积，可以通过物理吸附、范德瓦耳斯力、静电吸附或电荷转移等相互作用方式，与药物、染料、光敏剂和其他无机纳米材料结合，制备各种复合探针；第三，因为它们灵活的、两亲性的结构，使得它们适用于包裹不溶性纳米颗粒，从而改善纳米颗粒的水溶性、稳定性和生物相容性，以防止纳米颗粒在生物体中的聚集、降解或毒副反应；第四，作为基本的结构单元，它们超大的比表面积和多样的表面功能化方法使得合成各种石墨烯基复合材料成为可能，为新材料的构建开辟了新的途径[2,3]。

在石墨烯基材料广阔的生物成像应用前景下，也存在着一些挑战。为了进一步提高石墨烯基材料在生物成像应用中的性能，精确控制其尺寸、成分和表面性质是至关重要的，从而使不同批次材料间的差异最小化。例如，如何获得统一大小和分布的 GO？此外，石墨烯基造影剂的分子结构的设计也是非常重要的，例如，如何控制荧光基团与 GO/rGO 之间的距离？这对于防止石墨烯片上荧光团的荧光猝灭很关键。另外，如何提高荧光成像中 GO 和 GQD 的量子产率？对于 PET/SPECT 成像，如何提高放射性核素在 GO 上的标记效率和代谢稳定性？对于 MRI，如何进一步提高石墨烯基 MRI 造影剂的弛豫率？对于 PAI，如何进一步增强近红外区石墨烯基造影剂的吸光度？总体而言，石墨烯基纳米材料造影剂的临床转化还有很长的路要走。

参考文献

[1]　Geim A K，Novoselov K S. The rise of graphene[J]. Nature Materials，2007，6

(3): 183 - 191.

[2]　Yoo J M, Kang J H, Hong B H. Graphene-based nanomaterials for versatile imaging studies[J]. Chemical Society Reviews, 2015, 44(14): 4835 - 4852.

[3]　Lin J, Chen X Y, Huang P. Graphene-based nanomaterials for bioimaging[J]. Advanced Drug Delivery Reviews, 2016, 105(Pt B): 242 - 254.

[4]　Feng L Z, Liu Z. Graphene in biomedicine: opportunities and challenges[J]. Nanomedicine, 2011, 6(2): 317 - 324.

[5]　Lin H Y, Nurunnabi M, Chen W H, et al. Graphene in neuroscience[M]// Biomedical Applications of Graphene and 2D Nanomaterials. Amsterdam: Elsevier, 2019: 337 - 351.

[6]　Li J L, Tang B, Yuan B, et al. A review of optical imaging and therapy using nanosized graphene and graphene oxide[J]. Biomaterials, 2013, 34(37): 9519 - 9534.

[7]　Sun H M, Cao L Y, Lu L H. Magnetite/reduced graphene oxide nanocomposites: One step solvothermal synthesis and use as a novel platform for removal of dye pollutants[J]. Nano Research, 2011, 4(6): 550 - 562.

[8]　Zhou X Z, Huang X, Qi X Y, et al. *In situ* synthesis of metal nanoparticles on single-layer graphene oxide and reduced graphene oxide surfaces[J]. The Journal of Physical Chemistry C, 2009, 113(25): 10842 - 10846.

[9]　Wang X, Huang P, Feng L, et al. Green controllable synthesis of silver nanomaterials on graphene oxide sheets via spontaneous reduction[J]. RSC Advances, 2012, 2(9): 3816 - 3822.

[10]　Yang K, Zhang S, Zhang G X, et al. Graphene in mice: Ultrahigh *in vivo* tumor uptake and efficient photothermal therapy[J]. Nano Letters, 2010, 10(9): 3318 - 3323.

[11]　Wang Y H, Wang H G, Liu D P, et al. Graphene oxide covalently grafted upconversion nanoparticles for combined NIR mediated imaging and photothermal/photodynamic cancer therapy[J]. Biomaterials, 2013, 34(31): 7715 - 7724.

[12]　Huang P, Xu C, Lin J, et al. Folic acid-conjugated graphene oxide loaded with photosensitizers for targeting photodynamic therapy[J]. Theranostics, 2011, 1: 240 - 250.

[13]　Huang J, Zhang L M, Chen B, et al. Nanocomposites of size-controlled gold nanoparticles and graphene oxide: Formation and applications in SERS and catalysis[J]. Nanoscale, 2010, 2(12): 2733 - 2738.

[14]　Badhulika S, Terse-Thakoor T, Villarreal C, et al. Graphene hybrids: Synthesis strategies and applications in sensors and sensitized solar cells[J]. Frontiers in Chemistry, 2015, 3: 38.

[15]　Wang C, Li J, Amatore C, et al. Gold nanoclusters and graphene nanocomposites for drug delivery and imaging of cancer cells[J]. Angewandte Chemie, 2011, 50

（49）：11644 – 11648.

[16] Nie L M, Huang P, Li W T, et al. Early-stage imaging of nanocarrier-enhanced chemotherapy response in living subjects by scalable photoacoustic microscopy[J]. ACS Nano, 2014, 8(12)：12141 – 12150.

[17] Yan X F, Niu G, Lin J, et al. Enhanced fluorescence imaging guided photodynamic therapy of sinoporphyrin sodium loaded graphene oxide [J]. Biomaterials, 2015, 42：94 – 102.

[18] Lu H T, Li W J, Dong H F, et al. Graphene quantum dots for optical bioimaging [J]. Small, 2019, 15(36)：e1902136.

[19] Li K H, Zhao X N, Wei G, et al. Recent advances in the cancer bioimaging with graphene quantum dots[J]. Current Medicinal Chemistry, 2018, 25(25)：2876 – 2893.

[20] Hai X, Feng J, Chen X W, et al. Tuning the optical properties of graphene quantum dots for biosensing and bioimaging[J]. Journal of Materials Chemistry B, 2018, 6(20)：3219 – 3234.

[21] Liu Q, Guo B D, Rao Z Y, et al. Strong two-photon-induced fluorescence from photostable, biocompatible nitrogen-doped graphene quantum dots for cellular and deep-tissue imaging[J]. Nano Letters, 2013, 13(6)：2436 – 2441.

[22] Sun X M, Liu Z, Welsher K, et al. Nano-graphene oxide for cellular imaging and drug delivery[J]. Nano Research, 2008, 1(3)：203 – 212.

[23] Yang K, Feng L Z, Shi X Z, et al. Nano-graphene in biomedicine：Theranostic applications[J]. Chemical Society Reviews, 2013, 42(2)：530 – 547.

[24] Nurunnabi M, Khatun Z, Reeck G R, et al. Near infra-red photoluminescent graphene nanoparticles greatly expand their use in noninvasive biomedical imaging [J]. Chemical Communications, 2013, 49(44)：5079 –5081.

[25] Yang L M, Liu B, Wang M M, et al. A highly sensitive strategy for fluorescence imaging of microRNA in living cells and *in vivo* based on graphene oxide-enhanced signal molecules quenching of molecular beacon [J]. ACS Applied Materials & Interfaces, 2018, 10(8)：6982 – 6990.

[26] Li J L, Bao H C, Hou X L, et al. Graphene oxide nanoparticles as a nonbleaching optical probe for two-photon luminescence imaging and cell therapy [J]. Angewandte Chemie International Edition, 2012, 51(8)：1830 – 1834.

[27] Liu Q, Guo B D, Rao Z Y, et al. Strong two-photon-induced fluorescence from photostable, biocompatible nitrogen-doped graphene quantum dots for cellular and deep-tissue imaging[J]. Nano Letters, 2013, 13(6)：2436 – 2441.

[28] Luo Z M, Yang D L, Yang C, et al. Graphene quantum dots modified with adenine for efficient two-photon bioimaging and white light-activated antibacteria [J]. Applied Surface Science, 2018, 434：155 – 162.

[29] Liu Z M, Guo Z Y, Zhong H Q, et al. Graphene oxide based surface-enhanced Raman scattering probes for cancer cell imaging[J]. Physical Chemistry Chemical

Physics, 2013, 15(8): 2961 - 2966.

[30] Liu Q H, Wei L, Wang J Y, et al. Cell imaging by graphene oxide based on surface enhanced Raman scattering[J]. Nanoscale, 2012, 4(22): 7084 - 7089.

[31] Ma X, Qu Q Y, Zhao Y, et al. Graphene oxide wrapped gold nanoparticles for intracellular Raman imaging and drug delivery[J]. Journal of Materials Chemistry B, 2013, 1(47): 6495 - 6500.

[32] Wang Y, Polavarapu L, Liz-Marzán L M. Reduced graphene oxide-supported gold nanostars for improved SERS sensing and drug delivery [J]. ACS Applied Materials & Interfaces, 2014, 6(24): 21798 - 21805.

[33] Huang J, Zong C, Shen H, et al. Mechanism of cellular uptake of graphene oxide studied by surface-enhanced Raman spectroscopy[J]. Small, 2012, 8(16): 2577 - 2584.

[34] Janib S M, Moses A S, Mackay J A. Imaging and drug delivery using theranostic nanoparticles[J]. Advanced Drug Delivery Reviews, 2010, 62(11): 1052 - 1063.

[35] Hong H, Yang K, Zhang Y, et al. *In vivo* targeting and imaging of tumor vasculature with radiolabeled, antibody-conjugated nanographene[J]. ACS Nano, 2012, 6(3): 2361 - 2370.

[36] Hong H, Zhang Y, Engle J W, et al. *In vivo* targeting and positron emission tomography imaging of tumor vasculature with (66)Ga-labeled nano-graphene[J]. Biomaterials, 2012, 33(16): 4147 - 4156.

[37] Cornelissen B, Able S, Kersemans V, et al. Nanographene oxide-based radioimmunoconstructs for *in vivo* targeting and SPECT imaging of HER2-positive tumors[J]. Biomaterials, 2013, 34(4): 1146 - 1154.

[38] Fazaeli Y, Akhavan O, Rahighi R, et al. *In vivo* SPECT imaging of tumors by 198, 199Au-labeled graphene oxide nanostructures [J]. Materials Science & Engineering C, Materials for Biological Application, 2014, 45: 196 - 204.

[39] Gizzatov A, Keshishian V, Guven A, et al. Enhanced MRI relaxivity of aquated Gd^{3+} ions by carboxyphenylated water-dispersed graphene nanoribbons [J]. Nanoscale, 2014, 6(6): 3059 - 3063.

[40] Hu Y H. The first magnetic-nanoparticle-free carbon-based contrast agent of magnetic-resonance imaging-fluorinated graphene oxide[J]. Small, 2014, 10(8): 1451 - 1452.

[41] Yang Y Q, Chen S Z, Li H D, et al. Engineered paramagnetic graphene quantum dots with enhanced relaxivity for tumor imaging[J]. Nano Letters, 2019, 19(1): 441 - 448.

[42] Wang Y W, Fu Y Y, Peng Q, et al. Dye-enhanced graphene oxide for photothermal therapy and photoacoustic imaging [J]. Journal of Materials Chemistry B, 2013, 1(42): 5762 - 5767.

[43] Sheng Z H, Song L, Zheng J X, et al. Protein-assisted fabrication of nano-

reduced graphene oxide for combined *in vivo* photoacoustic imaging and photothermal therapy[J]. Biomaterials, 2013, 34(21): 5236 - 5243.

[44] Moon H, Kumar D, Kim H, et al. Amplified photoacoustic performance and enhanced photothermal stability of reduced graphene oxide coated gold nanorods for sensitive photoacoustic imaging[J]. ACS Nano, 2015, 9(3): 2711 - 2719.

[45] Shi J J, Wang L, Zhang J, et al. A tumor-targeting near-infrared laser-triggered drug delivery system based on GO@Ag nanoparticles for chemo-photothermal therapy and X-ray imaging[J]. Biomaterials, 2014, 35(22): 5847 - 5861.

[46] Zhang H, Wu H, Wang J, et al. Graphene oxide-BaGdF5 nanocomposites for multi-modal imaging and photothermal therapy [J]. Biomaterials, 2015, 42: 66 - 77.

[47] Yang K, Hu L L, Ma X X, et al. Multimodal imaging guided photothermal therapy using functionalized graphene nanosheets anchored with magnetic nanoparticles[J]. Advanced Materials, 2012, 24(14): 1868 - 1872.

[48] Shi X Z, Gong H, Li Y J, et al. Graphene-based magnetic plasmonic nanocomposite for dual bioimaging and photothermal therapy[J]. Biomaterials, 2013, 34(20): 4786 - 4793.

[49] Wang F H, Bae K, Huang Z W, et al. Two-photon graphene quantum dot modified Gd_2O_3 nanocomposites as a dual-mode MRI contrast agent and cell labelling agent[J]. Nanoscale, 2018, 10(12): 5642 - 5649.

第 5 章

基于石墨烯的药物
与基因递送

近年来，石墨烯和石墨烯基材料因其大比表面积、高力学强度、高本征迁移率和高导热性等优异性能，在生物医学领域崭露头角。2008 年，Liu[1]等率先使用聚乙二醇（PEG）修饰的氧化石墨烯来递送药物，自此拉开石墨烯在药物递送和基因递送方向应用的序幕。迄今，石墨烯及石墨烯基材料已渗透入生物医学领域的各个方向，包括药物递送、基因递送、生物成像、组织工程等[2]。石墨烯基材料已成为推动生物技术进步的新一代候选材料。

5.1　基于石墨烯的药物递送

5.1.1　药物控制释放载体

药物控制释放技术，指的是选取合适的材料作为药物载体，使得药物在体内特定时间、空间处可控释放，从而达到疾病治疗的目的[3]。药物控释技术与传统的给药方式相比存在着突出优势：首先，体内药物浓度保持在较为稳定的水平，易于被长期控制在有效浓度和最大安全浓度之间，提高了药物的利用率；其次，药物集中在病灶周围释放，降低了药物的毒副作用，可以显著提升治疗效果[3]。药物控释技术中的核心点是药物载体的选择，理想的药物载体需满足以下条件：尺寸小、载药量大、生物相容性好且具备在特定时间空间可控释放药物的能力。目前常见的药物载体种类繁多，包括天然高分子（如糖胺聚糖、直链淀粉、胶原）、合成高分子（如聚乳酸）和无机材料（如硅基介孔材料、石墨烯）等。

5.1.2　基于石墨烯的药物递送

石墨烯的比表面积超大（理论值约为 $2630 \ \text{m}^2/\text{g}$），可供吸附的位点多，载

药量大,单层的氧化石墨烯可以装载其自身质量两倍的药物[4]。除此之外,石墨烯具有卓越的电热传导性质和低浓度时良好的生物相容性,这些特质使得石墨烯可以成为药物递送的优良载体[2]。2008 年,Liu 等首次将石墨烯引入药物递送领域[1],用聚乙二醇修饰的纳米氧化石墨烯(NGO)作为载体递送药物 SN38。SN38 为疏水的芳香环药物,其通过 π-π 相互作用与 NGO-PEG 复合物载体非共价连接,终产物 NGO-PEG-SN38 结构如图 5-1(a)所示,其具备高水溶性,显著提高了 SN38 药物的疗效。自此以后,石墨烯在药物递送方面的应用研究呈爆炸式增长[5],现今已被用于多种抗肿瘤药物和光敏剂的递送[6]。抗肿瘤药物的细胞杀伤作用很强,在治疗的同时会引起机体强烈的不良反应。靶向药物递送为最大限度地减少副作用、发挥药物功效提供了良策。常见的抗肿瘤药物如图 5-1(b)所示,包括阿霉素(Doxorubicin,DOX)、喜树碱(Camptothecin,CPT)、紫杉醇、氯化亚硝脲、氟二氧嘧啶、甲氨蝶呤、硫蒽酮、β-拉帕醌和鞣花酸等。这些抗肿瘤药物可通过物理吸附或化学键合的方式负载到石墨烯基材料中,常用的连接方式有 π-π 相互作用、疏水相互作用等。与抗肿瘤药物一同传递的光敏剂有竹红菌素和二氢卟吩 E6 等。

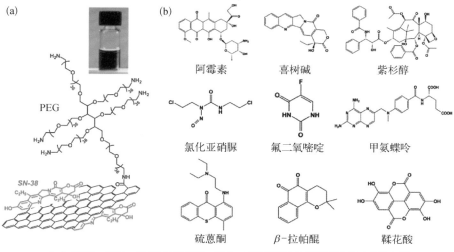

图 5-1 石墨烯基材料用于药物递送

(a)NGO-PEG-SN38 结构图[11];(b)由石墨烯基材料递送的抗肿瘤药物实例

药物的靶向传递和释放可由多种刺激引起,如图5-2所示。根据刺激的来源不同,可以分为两大类:内部刺激和外部刺激[7、8]。癌细胞和正常细胞之间理化性质的差异,可提供药物控释的内部刺激,例如肿瘤组织长期处于偏酸性环境中,肿瘤细胞内的谷胱甘肽(Glutathione,GSH)含量高,组织温度较高等,这些差异均可引起药物释放。除此之外,光、磁场等外部刺激也是常用的药物控释手段。基于一种或多种刺激因素,研究人员成功开发出一系列石墨烯基的刺激响应型纳米载体,下面将详细介绍几种常见的刺激响应类型。

图5-2 药物靶向递送和释放中常见的刺激响应类型示意图[7]

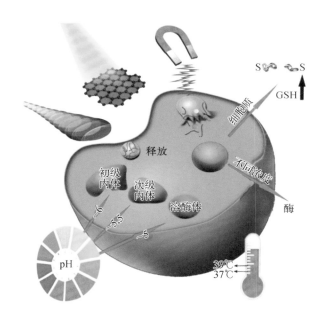

1. 谷胱甘肽(GSH)刺激响应型

GSH是保持细胞内氧化还原平衡的重要物质[9]。肿瘤细胞中的谷胱甘肽水平明显高于细胞外,谷胱甘肽在肿瘤细胞中的浓度为2~10 mmol/L,而其在细胞外的浓度小于20 μmol/L[10]。谷胱甘肽具有切断二硫键的能力[9],当药物与载体之间存在二硫键连接时,复合物在体内循环过程中可以长期稳定存在,一旦进入肿瘤细胞后就会引发断键反应,实现药物的释放。Wen等[11]使用含有二硫键的单甲氧基聚乙二醇(methoxy Polyethylene Glycol,mPEG)与纳米氧

化石墨烯（NGO）键合形成 NGO‑SS‑mPEG 复合物，随后通过 π‑π 相互作用和疏水相互作用装载抗肿瘤药物阿霉素（DOX）。PEG 修饰可以显著提高 NGO 在水中的分散能力和在生理环境下的稳定性，但是 PEG 环绕在 NGO 周围，在一定程度上会阻碍药物的释放。在 PEG 与 NGO 之间引入二硫键可以解决药物释放的问题，如图 5‑3 所示，在细胞外循环中 NGO‑SS‑mPEG‑DOX 可以稳定存在，当复合物进入细胞后，暴露在高浓度的谷胱甘肽（GSH）下，PEG 与 NGO 之间的二硫键断裂，此时 DOX 从复合物中释放的速率提高了 1.5 倍。

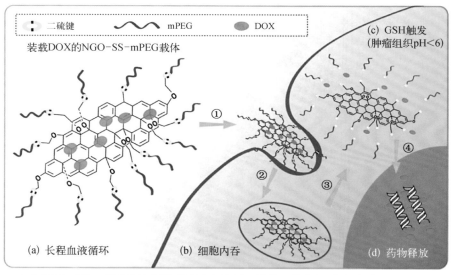

图 5‑3 NGO‑SS‑mPEG 复合物载体的 GSH 刺激响应图示[11]

（a）NGO‑SS‑mPEG 复合物赋予药物在血液中长时间循环的能力；（b）细胞内吞 NGO‑SS‑mPEG‑DOX；（c）细胞内高 GSH 的环境诱发二硫键断裂，PEG 从 NGO 上脱离；（d）药物加速释放

2. 温度刺激响应型

肿瘤细胞组织比正常组织温度高，两者之间的温度差异常被用作药物控释的刺激。温敏聚合物对温度变化敏感，会产生亲水相和疏水相的转变，伴随产生体积的膨胀和收缩。温敏聚合物发生相转变的特征温度可以用低临界溶解温度（Low Critical Solution Temperature，LCST）或上临界溶解温度表示（Upper Critical Solution Temperature，UCST），其概念如图 5‑4（a）所示[7]。当温度在 LCST 或

　　　　　　　　　　　　　　　　　　　　　　　　　石墨烯生物技术

UCST 周围发生变化时,会导致体积随之胀缩。药物可以在室温下装载到 LCST 温敏聚合物中,随后传递到病变组织处释放。Pan 等[12]用温敏聚合物聚(N-异丙基丙烯酰胺)[Poly(N-isopropylacrylamide),PNIPAM]修饰石墨烯片层(Graphene Sheet,GS),得到 PNIPAM-GS 复合物,其结构如图 5-4(b)所示。该复合物的 LCST 为 33℃,在室温下,该复合物呈现亲水膨胀状态,非水溶性抗肿瘤药物喜树碱(CPT)通过 π-π 相互作用和疏水相互作用装载到石墨烯片层中,到达高温病灶后,PNIPAM-GS 复合物发生亲水相到疏水相的转变,体积收缩,实现药物的释放。PNIPAM-GS 载体即使在高浓度(100 mg/L)的情况下也几乎无细胞毒性,但装载 CPT 后会呈现出强有力的杀伤功效[图 5-4(c)]。

图 5-4 温度刺激响应型药物递送

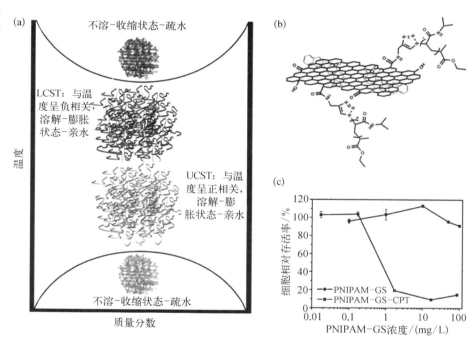

(a)低临界溶解温度(LCST)和上临界溶解温度(UCST)概念图[7];(b)装载 CPT 的 PNIPAM-GS 复合物结构式[12];(c)不同浓度的 PNIPAM-GS 和 PNIPAM-GS-CPT 处理 A-5RT3 细胞后,细胞相对存活率统计结果[12]

3. pH 刺激响应型

肿瘤细胞的微环境、细胞内的溶酶体和核内体都是偏酸性的,正常的生理组

织的 pH 约为 7.4,然而肿瘤组织的 pH 为 5.4~7.1[9],酸性环境有利于药物脱离
载体释放。在中性条件下,抗肿瘤药物和氧化石墨烯之间的氢键较强,药物释放
缓慢;在酸性条件下,抗肿瘤药物的氨基被质子化,导致药物与石墨烯基材料之
间的部分氢键解离,药物加速释放[13, 14]。Jin 等[13]用结合血色素的葡聚糖修饰
的氧化石墨烯复合物载体来输送阿霉素(DOX),提高了其在生理溶液中的稳定
性和载药能力,具备杀死抗药性 MCF-7/ADR 细胞的能力。实验结果显示,在
pH 为 5.5 和 pH 为 7.4 的条件下,6 天后分别有 28% 和 20% 的 DOX 被释放。
Depan 等[14]使用氧化石墨烯来装载 DOX 药物,并且将其密封在叶酸-壳聚糖
(Chitosan-Folic Acid,CHI-FA)内部,形成 DOX-GO-CHI-FA 复合物,结构
如图 5-5(a)所示。扫描电子显微镜(Scanning Electron Microscope,SEM)形态
表征结果显示,在药物释放时,载体表面由光滑[图 5-5(c)]变得多孔粗糙[图
5-5(d)]。如图 5-5(b)所示,在弱酸环境下(pH = 5.3)下,相同药物载体中药物
的释放速率远大于在正常的生理环境下(pH = 7.4)的释放速率。与此相似,

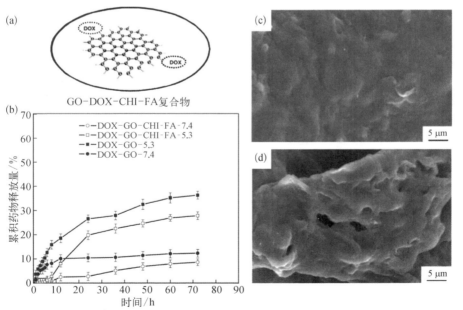

图 5-5 pH 刺激响
应型药物递送[14]

(a) DOX-GO-CHI-FA 复合物的结构示意图;(b) GO 药物载体和 GO-CHI-FA 药物载体在
酸性(pH= 5.3)和中性(pH= 7.4)条件下分别释放的 DOX 药物总量统计结果;(c) 药物释放前 GO-
CHI-FA 载体 SEM 图像;(d) 药物释放后 GO-CHI-FA 载体 SEM 图像

Kakran 等[15]将氧化石墨烯分别与亲水聚合物普朗尼克 F38（F38）、吐温 80（T80）、麦芽糖糊精（Maltodextrin，MD）复合制备了 GO－F38、GO－T80、GO－MD 复合物，它们都能够高效负载低水溶性药物鞣花酸，同时可以观察到药物在酸性条件下加速释放的特征。

4. 光刺激响应型

石墨烯基材料在近红外光段有着强烈的吸收，因此可以灵敏感知光刺激信号。Kim 等[16]用聚乙二醇和支化聚乙烯亚胺（Branched Polyethylenimine，BPEI）对还原氧化石墨烯进行功能化修饰，得到 PEG－BPEI－rGO 复合物，其通过 π-π 相互作用和疏水相互作用可以装载阿霉素（DOX）。如图 5－6 所示，当药物递送体系被细胞内吞后，使用近红外光辐照细胞，石墨烯的光热效应促进内吞体破裂，PEG－BPEI－rGO 复合物逃逸到细胞质中，在高浓度的谷胱甘肽的作用下释放 DOX。与未用红外光辐射的体系相比，这种光热效应介导的药物释放对肿瘤细胞的杀伤能力更强。

图 5－6　PEG－BPEI－rGO 复合物载体光刺激响应型药物释放示意图[16]

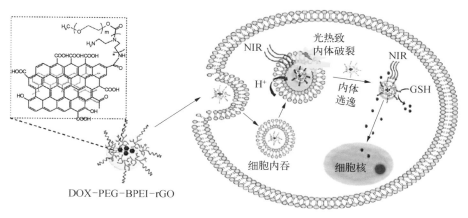

DOX-PEG-BPEI-rGO

5. 磁刺激响应型

当石墨烯与磁性粒子复合后，可以通过调节外部磁场实现靶向给药[8]。氧化铁纳米颗粒（Iron Oxide Nanoparticle，IONP）是常用的磁性材料，Ma 等[17]研发了一种 GO－IONP－PEG 复合物，结构如图 5－7（a）所示，在装载阿霉素

(DOX)后,可实现磁刺激响应型的药物靶向递送。如图 5-7(b)所示,将磁体置于体外 4T1 细胞培养皿下方,发现 GO-IONP-PEG-DOX 复合物聚集在磁体正上方的细胞中,而在同一培养皿中远离磁体的细胞中几乎观察不到 DOX 摄取,这一现象证明了药物载体在磁场下靶向运动聚集的能力。当到达肿瘤细胞后,酸性环境加速药物的释放。磁性纳米颗粒在交变磁场的作用下会产生热量,这一现象被应用于肿瘤的磁热疗法(Magnetic Hyperthermia Cancer Treatment,MHCT)中[18]。因此,当使用石墨烯-磁性纳米颗粒复合药物载体时,既可以施加恒定磁场来增强其在肿瘤处的局部聚集,也可以使用交变磁场来诱导肿瘤发热,进一步增强治疗效果[8]。

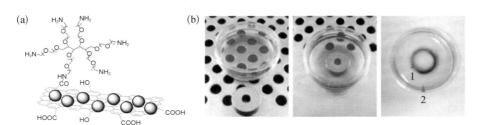

图 5-7　磁刺激响应型药物递送[17]

(a) GO-IONP-PEG 复合物的结构示意图;(b) 磁性载体的体外聚集结果

5.2　基于石墨烯的基因递送

5.2.1　基因疗法

基因治疗是指将外源基因、信使 RNA(messenger RNA,mRNA)、小干扰 RNA(small interfering RNA,siRNA)、microRNA(miRNA)或反义寡核苷酸导入靶细胞,从而治疗由基因缺陷或异常引起的疾病[19, 20]。基因治疗的关键是寻找到具有高转染效率的基因载体,从而能够保护外源核酸免受核酸酶降解,高效且安全地将基因输送进细胞,并在细胞内高效表达[21]。基因载体通常可以分为两大类:病毒性载体和非病毒性载体,常见的病毒性载体包括反转录病毒

（Retrovirus，RV）载体、慢病毒（Lentivirus）载体、腺病毒（Adenovirus，Ad）载体以及腺病毒相关病毒（Adeno-associated virus，AAV）载体等。尽管病毒载体具有较高的转染效率，但同时也存在着一些局限性，包括致癌性、免疫原性以及难以大规模生产等[19]。近年来，非病毒性载体因其低免疫原性且易于合成而受到广泛关注，非病毒性载体面临的主要问题是其相对于病毒性载体其具有较低的转染效率[19]，而纳米技术的发展有助于改善非病毒性载体用于基因治疗的困境。目前研究较多的非病毒性载体大致可分为：阳离子脂质体、聚合物以及纳米材料等。基于石墨烯基材料的纳米材料，因其独特的物理、化学和力学性质，已成为基因递送载体的合适候选物。为了提高其生物相容性、稳定性和细胞摄取效率，石墨烯基材料可利用聚合物或配体进行表面修饰。石墨烯基材料的出现推动了基于碳纳米材料的新型基因递送系统的发展[20]。

5.2.2 基于石墨烯的基因递送

石墨烯基材料作为载体应用于基因递送，源于其与核酸（DNA、RNA）的强烈相互作用，这种相互作用主要表现为以下几种独特的模式：① 相较于双链 DNA（double-stranded DNA，dsDNA），石墨烯基纳米材料与单链 DNA（single-stranded DNA，ssDNA）之间存在着更强的非共价作用力[22]，因而优先选择性吸附 ssDNA，利用选择性吸附能力以及石墨烯的荧光猝灭能力，可用于 DNA 的检测；② 石墨烯基材料可使用聚合物如壳聚糖、聚酰胺-胺（Polyamidoamine，PAMAM）和聚乙烯亚胺（PEI）等进行修饰，获得带正电荷的表面，从而与带负电荷的外源基因通过静电相互作用形成复合物，同时，功能化修饰也可降低石墨烯的团聚及细胞毒性[23]；③ 石墨烯可以对负载的外源基因进行空间保护，使其免受核酸酶的影响[24]；④ 氧化石墨烯因其平面芳环结构有利于嵌入 DNA 双链中，可作为 DNA 嵌入剂引入 DNA 酶切体系，同时，氧化石墨烯表面上的含氧基团提供了更多的化学修饰和反应位点[25]。石墨烯与 DNA/RNA 相互作用的独特模式为基因递送提供了可能。

在氧化石墨烯片层的边缘具有大量的羧基，表面也含有环氧基和羟基，这些

含氧官能团既可增加石墨烯的可加工性和溶解性,又可为进一步的化学修饰提供反应位点。因此,大量研究集中于氧化石墨烯的功能化或表面修饰。有研究表明 GO 与质粒 DNA(plasmid DNA,pDNA)间存在着 π-π 相互作用,同时,功能化修饰的氧化石墨烯能够有效缩合 pDNA,形成 GO-pDNA 纳米复合物[23],从而保护基因并介导基因进入细胞[26]。

保护核酸免受脱氧核糖核酸酶(Deoxyribonuclease,DNase)或核糖核酸酶(Ribonuclease,RNase)的降解是研究基因递送系统的主要内容之一。Tang等[22]发现吸附在石墨烯表面上的 ssDNA 可以被有效地保护而免受脱氧核糖核酸酶 I(Deoxyribonuclease I,DNase I)的切割(图 5-8),这对于生物检测以及处在复杂的细胞和溶液环境中的基因递送系统来说是鼓舞人心的结果。羧基荧光素标记的 ssDNA1 在引入官能化的石墨烯后荧光强度显著降低;但在荧光素标记的 ssDNA1-石墨烯溶液中加入互补的 ssDNA2 后,荧光强度显著增加,表明了互补的 ssDNA2 与 ssDNA1 结合形成 dsDNA,使得吸附在石墨烯表面的 ssDNA1解吸。同时,Tang 等利用核磁共振(Nuclear Magnetic Resonance,NMR)和圆二色光谱(Circular Dichroism,CD)技术,进一步研究了 DNA 和石墨烯之间的相互作用。实验研究表明,ssDNA 被迅速吸附到官能化的石墨烯表面,形成较强的分子间相互作用,这种紧密结合从空间上阻止了 DNase I 降解 DNA。Xu 等[27]将GO 和 DNA 通过三维自组装的方式形成了多功能水凝胶。实验中,将 dsDNA

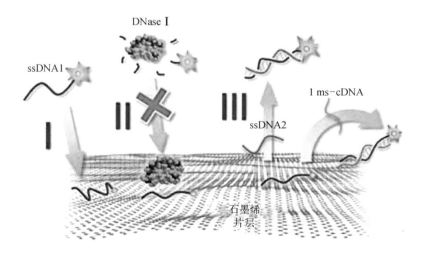

图 5-8 石墨烯对 ssDNA 的吸附和影响示意图[22]

与 GO 均匀混合并在 90℃ 加热,使 dsDNA 解链为 ssDNA,原位形成的 ssDNA 通过非共价相互作用桥接到 GO 上,继而从均匀混合物转化为了稳定的水凝胶,该水凝胶还展现出较高的机械强度,证明了 ssDNA 与 GO 之间存在着较强的相互作用。

许多研究表明外源基因负载到载体上主要是通过带负电的基因和带正电的载体之间的静电相互作用。然而,基于石墨烯的纳米材料是不带正电的,因此需要对石墨烯基材料进行修饰,以获得带正电的表面[20]。Feng 等[28]对不同相对分子质量(10 kDa 和 1.2 kDa)PEI 功能化的 GO 的基因递送进行了相关研究。研究显示 GO - PEI 复合物的细胞毒性显著降低,如在海拉细胞中所证实的,阳离子 GO - PEI 复合物能够进一步与阴离子 pDNA 结合,用于转染增强型绿色荧光蛋白(Enhanced Green Fluorescent Protein,EGFP)基因。其中,低相对分子质量的裸 PEI(1.2 kDa)具有非常低的转染效率,而 GO - PEI(1.2 kDa)可以进行高效率的 EGFP 基因转染;另一方面,与高相对分子质量的裸 PEI(10 kDa)相比,GO - PEI(10 kDa)既表现出相似的高 EGFP 基因转染效率,同时细胞毒性更低。研究结果表明石墨烯基纳米材料作为一种新型的基因递送载体,具有低细胞毒性和高转染效率,有望在未来应用于基于非病毒的基因治疗中。Hu 等[23]通过静电自组装制备了叶酸(Folic Acid, FA)共轭的三甲基壳聚糖(Folate Conjugated Trimethyl Chitosan,FTMC)/GO 纳米复合物(FTMC GO Nanocomplexes,FGNC),如图 5 - 9 所示。其中,三甲基壳聚糖(Trimethyl Chitosan,TMC)与氧化石墨烯的结合可减少氧化石墨烯的聚集,采用叶酸修饰三甲基壳聚糖,可被海拉细胞表面的叶酸受体识别,促进癌细胞特异性内吞,以提高基因递送靶向效率。在 FGNC 对 pDNA 的负载和释放方面,琼脂糖凝胶电泳检测结果显示 FGNC 中存在的 FTMC 可以阻止 pDNA 的迁移并促进 pDNA 的缩合,证明了 FGNC 对 pDNA 的有效负载。同时,研究表明在磷酸盐缓冲液(PBS)中,体外 72 h pDNA 的累积释放量达到 31.1%,证明了 FGNC 载体可有效释放 pDNA,显示出 FGNC 作为基因递送载体具有极大潜力。

Liu 等[29]通过石墨烯表面吸附油酸,并通过油酸与树枝状高分子 PAMAM 的共价相互作用,最终形成了石墨烯-油酸- PAMAM 复合物作为基因递送载

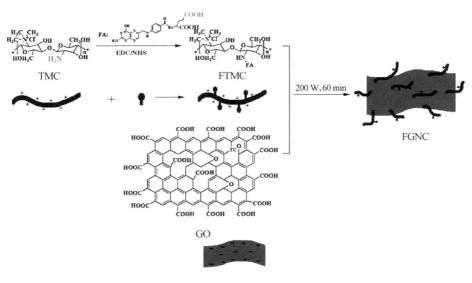

图 5 - 9 FGNC 的
合成示意图[23]

体(图 5 - 10)。石墨烯-油酸-PAMAM 复合物在水溶液中表现出良好的分散
性,并且与海拉细胞具有良好的生物相容性,但在浓度大于 20 μg/mL 时对
MG - 63 细胞显示出细胞毒性。当石墨烯-油酸- PAMAM 与增强型绿色荧
光蛋白 pDNA(pDNA of EGFP, pEGFP - N1)的质量比为 4∶1 时,制备的石
墨烯-油酸- PAMAM - pEGFP - N1 复合物对海拉细胞的基因转染效率达到
18.3%。

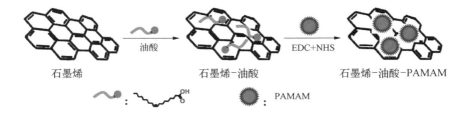

图 5 - 10 石墨烯-
油酸- PAMAM 复
合物合成示意图[29]

CpG 寡脱氧核苷酸(CpG Oligodeoxynucleotide,CpG ODN)可引起免疫应
答,是一种极具潜力的免疫治疗试剂。Zhang 等[30]将壳聚糖(Chitosan, CS)修饰
的 GO(GO - CS 纳米复合物)用于 CpG 寡脱氧核苷酸的递送(图 5 - 11)。研究
发现 GO - CS 纳米复合物可负载 CpG ODN,并促进 CpG ODN 被细胞摄取,可
进一步诱导免疫反应的产生并释放细胞因子白细胞介素- 6(Interleukin - 6,

图 5 - 11 GO -
CS 纳米复合物载
体的合成及细胞内
递送 CpG ODN 的
示意图[30]

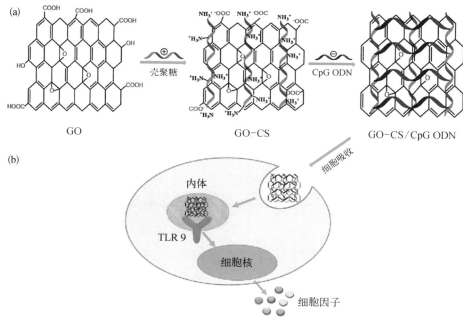

IL - 6)和肿瘤坏死因子 - α(Tumor Necrosis Factor - α,TNF - α),从而证明了
GO - CS 纳米复合物可以作为纳米载体以提高 CpG ODN 的递送效率。

　　光热治疗和基因递送的结合为肿瘤治疗提供了新思路。其中,石墨烯基材
料是光热治疗的重要候选材料。GO 可利用聚乙二醇进行修饰,以提高生物相容
性和负载能力。Yin 等[31]利用 FA 共轭的氨基化聚乙二醇单甲醚(NH₂-mPEG -
FA)修饰 GO,形成 FA - PEG - GO 复合物。之后将 FA - PEG - GO 复合物与阳
离子聚合物聚(丙烯胺盐酸盐)(Poly-allylamine Hydrochloride,PAH)结合,形成
PAH - FA - PEG - GO 复合物,以提高转染能力。再将该复合物与 HDAC1
siRNA 和 K - Ras siRNA(可分别沉默 HDAC1 基因和 G12C 突变的 K - Ras 基
因)结合,进行双 siRNA 递送(图 5 - 12),以实现对胰腺肿瘤细胞 MIA PaCa - 2
的双重基因沉默,即引起细胞凋亡、增殖抑制和细胞周期阻滞。同时在近红外照
射下实现光热治疗,研究结果显示复合物可实现较高的细胞摄取效率,基因递送
和光热治疗的结合可有效抑制肿瘤增长。

　　在最近的研究中,Lázaro 等[32]利用氧化石墨烯介导 siRNA 的细胞内递送,
以评估无表面修饰的氧化石墨烯的能力。研究将无表面修饰的 GO 与 siRNA 在

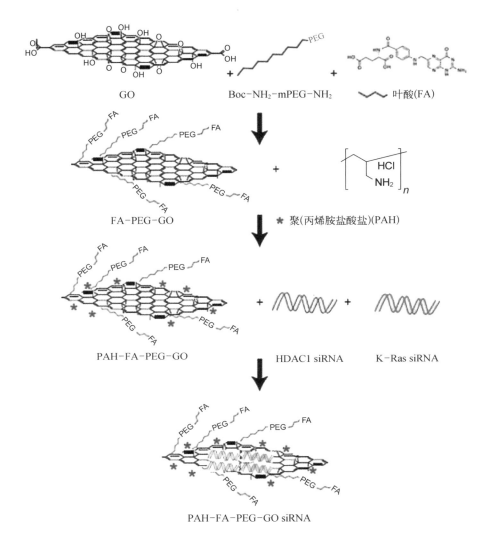

图 5 - 12　PAH - FA - PEG - GO 复合物的合成及基因负载过程[31]

GO

Boc-NH$_2$-mPEG-NH$_2$

叶酸(FA)

FA-PEG-GO

HCl
NH$_2$

★ 聚(丙烯胺盐酸盐)(PAH)

PAH-FA-PEG-GO

HDAC1 siRNA

K-Ras siRNA

PAH-FA-PEG-GO siRNA

10∶1、20∶1 和 50∶1 的质量比下形成稳定的复合物,小鼠胚胎成纤维细胞暴露于其中,暴露 4 h 复合物即迅速内化,此时,细胞内 siRNA 水平与脂质转染试剂递送的 siRNA 的水平相当。但在细胞内化过程中,siRNA 可能无法有效地从氧化石墨烯晶格中释放出来,因此无法发挥作用,转染后细胞内 siRNA 水平迅速下降,而氧化石墨烯则被隔离在不同的胞内囊泡中,这可能是因为 GO - siRNA 复合物缺乏生物学效应(即基因沉默)。该研究强调了无表面修饰的 GO 作为非病毒基因递送载体具有潜力,但需要进一步优化载体,进行阳离子功能化修饰,从

而使核酸有效释放，实现 siRNA 介导的基因沉默。

除了基因的递送之外，还可以使用基于石墨烯的载体材料递送蛋白质用于肿瘤治疗。Shen 等[33]利用非共价相互作用将核糖核酸酶 A（Ribonuclease A，RNase A）和蛋白激酶 A（Protein Kinase A，PKA）分别负载到 GO - PEG 上，并递送至细胞中，保护蛋白质免受酶促水解并保持了其细胞内的生物学活性。

5.3　当前挑战与未来展望

石墨烯的二维平面结构及超大的比表面积为基因药物递送奠定了基础，但是比表面积过大也存在一定的弊端，这会促进血液组分在其表面的反应，即容易与血红细胞和血清蛋白形成沉淀物。为了提高石墨烯基材料的血液相容性，减少与血液中组分的非特异性接触，用亲水材料对氧化石墨烯的表面进行修饰是关键设计。除此之外，用作载体的石墨烯基材料在体内的降解和代谢过程也是必须解决的关键问题。研究发现，GO 可以在辣根过氧化物酶（Horseradish Peroxidase，HRP）诱导的氧化反应下被逐步降解，然而，生物相容性大分子（如 PEG）修饰后的 GO 却难以被酶促反应降解[8]。这些结果说明修饰材料的选择在药物载体的设计中尤为重要。

石墨烯基材料的横向尺寸为 5～3000 nm，不同尺寸的石墨烯基材料拥有不同的物理化学性质和生物学效应。与微米尺度的石墨烯相比，纳米尺度的石墨烯比表面积更大，表面电荷密度更高，可以实现更稳定的分散。同时，材料的尺寸将直接影响蛋白质的亲和能力、细胞内化机制、新陈代谢过程和细胞毒性。有效地控制石墨烯基材料的尺寸可以最大限度地减少不必要的生物学反应，提高药物的杀伤能力。鉴于石墨烯尺寸是药物递送能力的重要影响因素之一，需要进一步地研究和规范石墨烯的尺寸控制技术。

我们相信石墨烯基纳米材料在生物医学研究和应用领域，可能会带来令人瞩目的影响。然而，在进入临床试验之前，需要更多的努力来完全阐明这些材料的毒性机理。部分研究表明，聚集的石墨烯类材料会引发严重的肺部损伤和细

胞凋亡,而分散良好的石墨烯毒性显著降低。如何在保持石墨烯基载体良好递送能力的同时有效降低其细胞毒性,是药物基因递送载体相关研究的一个重要方向。

参考文献

[1] Liu Z, Robinson J T, Sun X M, et al. PEGylated nano-graphene oxide for delivery of water insoluble cancer drugs[J]. Journal of the American Chemical Society, 2008, 130(33): 10876 - 10877.

[2] Goenka S, Sant V, Sant S. Graphene-based nanomaterials for drug delivery and tissue engineering[J]. Journal of Controlled Release, 2014, 173(1): 75 - 88.

[3] Kumar N, Chaubal M, Domb A J, et al. Controlled Release Technology[M]// Encyclopedia of Polymer Science and Technology. New Jersey: John Wiley & Sons, Inc., 2002, 5: 697 - 721.

[4] Zhao H, Ding R, Zhao X, et al. Graphene-based nanomaterials for drug and/or gene delivery, bioimaging, and tissue engineering[J]. Drug Discovery Today, 2017, 22(9): 1302 - 1317.

[5] Valentini F, Calcaterra A, Ruggiero V, et al. Graphene as nanocarrier in drug delivery[J]. JSM Nanotechnology & Nanomedicine, 2018, 6(1): 1060.

[6] Shim G, Kim M G, Park J Y, et al. Graphene-based nanosheets for delivery of chemotherapeutics and biological drugs[J]. Advanced Drug Delivery Reviews, 2016, 105 (Pt B): 205 - 227.

[7] Karimi M, Ghasemi A, Zangabad P S, et al. Smart micro/nanoparticles in stimulus-responsive drug/gene delivery systems[J]. Chemical Society Reviews, 2016, 45(5): 1457 - 1501.

[8] Yang K, Feng L Z, Liu Z. Stimuli responsive drug delivery systems based on nano-graphene for cancer therapy[J]. Advanced Drug Delivery Reviews, 2016, 105(Pt B): 228 - 241.

[9] Ko N R, Van S Y, Hong S H, et al. Dual pH-and GSH-responsive degradable PEGylated graphene quantum dot-based nanoparticles for enhanced HER2-positive breast cancer therapy[J]. Nanomaterials, 2020, 10(1): 91.

[10] Raza A, Rasheed T, Nabeel F, et al. Endogenous and exogenous stimuli-responsive drug delivery systems for programmed site-specific release [J]. Molecules, 2019, 24(6): 1117.

[11] Wen H, Dong C, Dong H, et al. Engineered redox-responsive PEG detachment mechanism in PEGylated nano-graphene oxide for intracellular drug delivery[J].

Small，2012，8(5)：760-769.

[12] Pan Y，Bao H，Sahoo N G，et al. Water-soluble poly(N-isopropylacrylamide)-graphene sheets synthesized via click chemistry for drug delivery[J]. Advanced Functional Materials，2011，21(14)：2754-2763.

[13] Jin R，Ji X J，Yang Y X，et al. Self-assembled graphene-dextran nanohybrid for killing drug-resistant cancer cells[J]. ACS Applied Materials & Interfaces，2013，5 (15)：7181-7189.

[14] Depan D，Shah J，Misra R D K，et al. Controlled release of drug from folate-decorated and graphene mediated drug delivery system：Synthesis，loading efficiency，and drug release response[J]. Materials Science & Engineering C，2011，31(7)：1305-1312.

[15] Kakran M，Sahoo N G，Bao H，et al. Functionalized graphene oxide as nanocarrier for loading and delivery of ellagic acid [J]. Current Medicinal Chemistry，2011，18(29)：4503-4512.

[16] Kim H，Lee D，Kim J，et al. Photothermally triggered cytosolic drug delivery via endosome disruption using a functionalized reduced graphene oxide[J]. ACS Nano，2013，7(8)：6735-6746.

[17] Ma X X，Tao H Q，Yang K，et al. A functionalized graphene oxide-iron oxide nanocomposite for magnetically targeted drug delivery，photothermal therapy，and magnetic resonance imaging[J]. Nano Research，2012，5(3)：199-212.

[18] Swain A K，Pradhan L，Bahadur D. Polymer stabilized Fe_3O_4-graphene as an amphiphilic drug carrier for thermo-chemotherapy of cancer[J]. ACS Applied Materials & Interfaces，2015，7(15)：8013-8022.

[19] Yin H，Kanasty R L，Eltoukhy A A，et al. Non-viral vectors for gene-based therapy[J]. Nature Reviews Genetics，2014，15(8)：541-555.

[20] Imani R，Mohabatpour F，Mostafavi F. Graphene-based nano-carrier modifications for gene delivery applications[J]. Carbon，2018，140：569-591.

[21] Luo D，Saltzman W M. Synthetic DNA delivery systems [J]. Nature Biotechnology，2000，18(1)：33-37.

[22] Tang Z W，Wu H，Cort J R，et al. Constraint of DNA on functionalized graphene improves its biostability and specificity[J]. Small，2010，6(11)：1205-1209.

[23] Hu H L，Tang C，Yin C H. Folate conjugated trimethyl chitosan/graphene oxide nanocomplexes as potential carriers for drug and gene delivery[J]. Materials Letters，2014，125：82-85.

[24] Lu C H，Zhu C L，Li J，et al. Using graphene to protect DNA from cleavage during cellular delivery[J]. Chemical Communications (Cambridge，England)，2010，46(18)：3116-3118.

[25] Ren H L，Wang C，Zhang J L，et al. DNA cleavage system of nanosized graphene oxide sheets and copper ions[J]. ACS Nano，2010，4(12)：7169-7174.

[26] Pack D W，Hoffman A S，Pun S，et al. Design and development of polymers for

gene delivery[J]. Nature Reviews Drug Discovery, 2005, 4(7): 581 - 593.

[27] Xu Y X, Wu Q, Sun Y Q, et al. Three-dimensional self-assembly of graphene oxide and DNA into multifunctional hydrogels[J]. ACS Nano, 2010, 4(12): 7358 -7362.

[28] Feng L Z, Zhang S, Liu Z. Graphene based gene transfection[J]. Nanoscale, 2011, 3(3): 1252 - 1257.

[29] Liu X H, Ma D M, Tang H, et al. Polyamidoamine dendrimer and oleic acid-functionalized graphene as biocompatible and efficient gene delivery vectors[J]. ACS Applied Materials & Interfaces, 2014, 6(11): 8173 - 8183.

[30] Zhang H J, Yan T, Xu S, et al. Graphene oxide-chitosan nanocomposites for intracellular delivery of immunostimulatory CpG oligodeoxynucleotides [J]. Materials Science & Engineering C, Materials for Biological Applications, 2017, 73: 144 - 151.

[31] Yin F, Hu K, Chen Y Z, et al. SiRNA delivery with PEGylated graphene oxide nanosheets for combined photothermal and genetherapy for pancreatic cancer[J]. Theranostics, 2017, 7(5): 1133 - 1148.

[32] Lázaro I D, Vranic S, Marson D, et al. Graphene oxide as a 2D platform for complexation and intracellular delivery of siRNA[J]. Nanoscale, 2019, 11(29): 13863 - 13877.

[33] Shen H, Liu M, He H X, et al. PEGylated graphene oxide-mediated protein delivery for cell function regulation[J]. ACS Applied Materials & Interfaces, 2012, 4(11): 6317 - 6323.

第 6 章

石墨烯与生物组织
工程

6.1　引言

　　组织工程（Tissue Engineering），是一门结合细胞生物学和材料科学进行体外或体内、组织或器官的构建，来修复、替代或改善生物组织功能的新兴学科。其基本过程是将在体外培养、扩增的功能相关的活细胞种植于多孔支架上，细胞在支架上增殖、分化，构建生物组织替代物，然后将其移植到组织病损部位，以达到修复、维持或改善损伤组织的功能。组织工程的核心是构筑细胞和生物材料的三维复合体。其中，种子细胞、生长因子和支架材料组成了组织工程的三要素。支架材料不仅提供细胞和生物组织生长的三维空间，还可以起到诱导组织再生的作用，在组织工程的应用中，起到非常关键的作用。

　　纳米材料科学的进步为组织工程中支架材料的选择提供了更多的可能性。一些具有特殊理化性质的纳米材料或多功能的复合纳米材料，在单原子和连续块体之间的独特结构赋予了它们有趣的物理化学和生物学特性（如精细的微观结构、大比表面积及与细胞/组织特殊的相互作用等），不仅可以作为组织再生中细胞黏附、增殖和分化的组织支架，还可以提供细胞生存所需的微环境，引导细胞生长甚至辅助决定细胞命运，传递生物活性分子，以及生成适当的物理或化学信号因子等。

　　石墨烯及其他石墨烯基纳米材料作为纳米材料领域的明星家族，在生物医学领域的应用已经被广泛关注和研究（图 6-1）。石墨烯基纳米材料具有可靠的生物安全性、良好的生物相容性、超高的机械强度和优异的导热导电性能，这些性质使得它们非常适用于生物组织工程和再生医学。[1, 2]

　　本章将主要介绍石墨烯基纳米材料及石墨烯复合材料在生物组织工程领域的研究进展、应用前景和面临的问题与挑战。

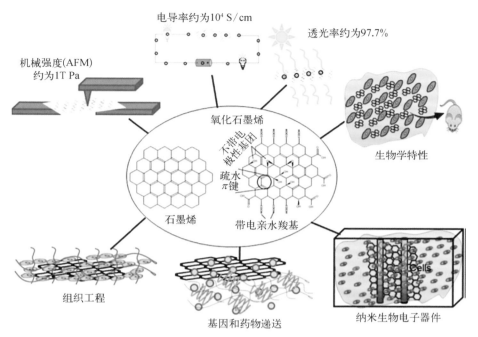

图 6-1　石墨烯和石墨烯基纳米材料的生物医学应用[2]

机械强度(AFM)约为1T Pa

电导率约为10⁴ S/cm

透光率约为97.7%

氧化石墨烯

不带电极性基团

疏水π键

石墨烯

带电亲水羧基

生物学特性

组织工程

基因和药物递送

纳米生物电子器件

Cells

6.2　石墨烯的性质与组织工程

自从 2004 年首次剥离出单层石墨烯以来,石墨烯独特的性能就吸引了大批材料学家的注意力。石墨烯具有超大的比表面积、超高的机械强度、优异的导热导电性能、广谱高透光性以及共轭 π 键决定的独特表面性质。这些特性使得科学家们在各个领域不断积极探索石墨烯的可能应用,在组织工程领域也不例外。[2]

石墨烯超大的比表面积使其能够高效负载各种化合物分子,其表面的自由电子使其能够与一些有机分子发生亲电子反应,其疏水性也可以使其通过范德瓦耳斯力吸引各种疏水有机分子或聚合物。石墨烯的这些表面性质,为组织工程中细胞的附着和细胞生长相关因子的吸附提供了良好的环境。而作为石墨烯衍生材料的氧化石墨烯和还原氧化石墨烯,其丰富的含氧官能团使其能够以更多的方式与生物分子相结合。[2-4]

石墨烯基材料优异的机械性能,不仅预示着它具备成为组织工程支架的潜力,同

时也可以通过掺杂、混合的形式改善很多软材料(如水凝胶)的机械性质,作为组织工程支架的辅助材料。石墨烯优异的导电性质,也为其在组织工程方面的应用提供了更多的可能,导电性组织工程支架更有利于诱导干细胞向兴奋性细胞类型的特异性分化,同时可以通过支架施加电刺激,诱导干细胞定向分化。所以导电石墨烯基材料更适合应用于心脏、骨骼肌和神经系统相关的再生组织工程。石墨烯的广谱高透光性则为组织工程与光遗传学、光学成像方法的结合提供了可能。石墨烯量子点的荧光发射特性,使得其可以作为荧光探针应用于组织工程在体修复的成像检测。

6.3　石墨烯与干细胞

干细胞是一种尚未充分分化、具有增殖能力的多潜能细胞,在一定的条件下可以分化成特定的功能性细胞。将以干细胞获取技术、精确可重复的干细胞命运控制、干细胞谱系规范为主要内容的干细胞技术应用于组织的再生、修复,是组织工程得以发展的前提。近十几年来,干细胞技术基础研究和干细胞在现代组织工程和再生医学中的应用,都取得了前所未有的进展。

干细胞增殖和分化是干细胞生存的生理微环境内各种因素综合作用的结果。这些因素既包括了诱导干细胞的各种生长因子和化学诱导物,同时又涉及复杂的物理和环境因素。在组织工程中,干细胞与不同生物材料的结合,就是与不同材料表面的结合,材料本身的表面形貌、硬度、孔隙率、亲疏水、携带的化学官能团等诸多因素都会对干细胞命运的决定产生影响。

6.3.1　纳米材料影响干细胞命运

在有效的功能性组织工程和再生医学中,干细胞需要被转化为形态特征和生理功能与体内类似的细胞和组织,这样的转化很大程度上依赖于细胞-细胞外基质的相互作用,而这种相互作用又是极其多样和复杂的。在组织工程中,需要从人为可控的角度去模拟体内细胞外微环境。基于材料科学和工程方法,可以

将复杂的体内生理系统简化为简单模型，从纳米尺度到宏观尺度模拟体内细胞外基质的物理化学性质，从而尽可能实现对干细胞命运的精准控制。

聚合物材料（如水凝胶）通常被用于模拟干细胞的生理微环境。无论是由胶原蛋白、丝蛋白或壳聚糖组成的天然材料水凝胶，还是由聚乳酸等组成的合成材料水凝胶，都在促进干细胞分化和干细胞有序排列等方面表现出了显著作用。也有许多研究报道了其他聚合物材料在模拟干细胞微环境、控制干细胞命运方面的应用。但是，聚合物材料并不能在纳米尺度和微观作用力方面模拟天然细胞微环境。[5]

近年来，纳米材料的发展为模拟干细胞生理微环境提供了新的契机。类似于引导细胞生长形成更高级生物组织的再生组织工程，纳米材料也可以从 1～100 nm 的基础尺度堆叠成高级结构。事实上，人们已经合成了范围广泛的具有不同维度的纳米材料来模拟天然细胞环境，包括零维纳米颗粒[7]、一维纳米管和纤维[8]、二维纳米片[9]和三维纳米泡沫[10]，以实现干细胞命运控制的最终目标[图 6-2(a)][6]。基于这些纳米材料，很多类型的纳米结构支架已被设计出来，用以影响细胞黏附，并诱导细胞形状和排列的变化。有趣的是，除了用于形成类似于在体细胞外基质的微观结构之外，纳米材料也可用于形成或辅助形成组织工程的宏观支架。越来越多的研究表明纳米级材料的确有助于干细胞治疗和组织工程，因此，理解干细胞和纳米材料相互作用的机制将为操纵这些相互作用并用于控制干细胞命运提供坚实的基础。

石墨烯基材料是近几年被广泛研究的用于干细胞命运调控的碳纳米材料。大量研究表明，石墨烯基材料具有独特的表面化学性质和优异的力学性质，能够促进间充质干细胞、神经干细胞和诱导多能干细胞的生长、增殖和分化成不同的功能性细胞谱系[图 6-2(b)]。另外，由于石墨烯表面的可修饰性，可以通过操纵石墨烯基材料的表面性质来影响干细胞的特定行为。因此，人们对石墨烯基材料在控制干细胞命运和助力组织工程方面充满了期待。

6.3.2 石墨烯基平面薄膜对干细胞命运的调控

石墨烯基材料（特别是氧化石墨烯）的二维薄膜已越来越多地用作干细胞支

图6-2 特异性控制干细胞生长和分化的纳米材料

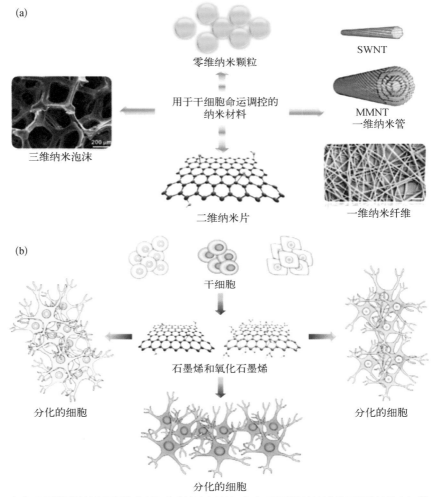

（a）不同类型的控制干细胞生长和分化的纳米材料；（b）石墨烯基材料作为干细胞培养支架[6]

架来介导干细胞的生长和分化。石墨烯纳米片和氧化石墨烯纳米片具有很高的面内刚度，[11]由于同时具有高强度和柔韧性，石墨烯薄膜可以很容易地转移并涂覆到不同的基材上，所得到的产品可以简单成型为任何所需形状。[12]研究表明，石墨烯作为细胞培养支架，表现出了高度的生物相容性，能够维持细胞的活力、正常黏附和迁移特性，同时能够改善成纤维细胞和哺乳动物直肠腺肿瘤细胞的生长和增殖。[13,14]这些基础研究预示了石墨烯基支架以其高机械稳定性和生物相容性，在干细胞命运调控和组织工程应用中具有巨大潜力。

目前，石墨烯已经被认为是人骨髓间充质干细胞（human Mesenchymal Stem Cell，hMSC）增殖和分化中最有前景的生物支架之一。hMSC 通过诱导可以分化为成骨细胞、脂肪细胞和软骨细胞等。研究表明，石墨烯不仅支持 hMSC 的生长和增殖，同时也加速了其向成骨细胞的特异性分化[图 6-3(a)]。更重要的是，即使在没有特定的生长因子诱导分化的情况下，石墨烯基底上生长的 hMSC 也能加速成骨，并且加速成骨的效率与使用生长因子诱导的结果接近[11]。石墨烯基底促进 hMSC 向成骨细胞特异性分化的分子机制，被认为是因为胰岛素与石墨烯的强 π 键结合而发生变性，抑制了胰岛素对 hMSC 向脂肪细胞的诱导作用。而对氧化石墨烯来说，因为其 sp^2 以及强 π 键被含氧官能团破坏，不仅不会使胰岛素失活，而且由于氧化石墨烯与胰岛素的高亲和力，hMSC 会向脂肪细胞的分化增强。另外，有

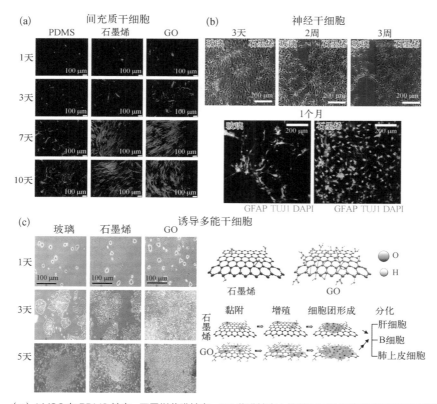

图 6-3 石墨烯薄膜基底上干细胞的生长、增殖和分化

（a）hMSC 在 PDMS 基底、石墨烯薄膜基底、GO 薄膜基底上培养不同时间的肌动蛋白荧光图像；（b）层粘连蛋白（laminin）包被的石墨烯薄膜和玻璃表面生长的神经干细胞分化后的 SEM 图（GFAP 标记星形胶质细胞、TUJ1 标记神经元、DAPI 标记细胞核）；（c）在玻璃基底、石墨烯薄膜基底、GO 薄膜基底上培养 iPSC 的结果[11, 16, 17]

石墨烯生物技术

研究证实,石墨烯也可以使 hMSC 向心肌细胞的分化得到增强,而这种增强是通过石墨烯介导的胞外基质蛋白表达水平和细胞信号分子的上调实现的。[6, 9, 11, 16, 17]

石墨烯基材料的特殊表面特性和化学性质对干细胞分化的控制作用在神经干细胞的培养分化中进一步被证实。与培养在玻璃基底的神经干细胞相比,培养在石墨烯薄膜上的神经干细胞不仅分化更快,而且分化的神经细胞在形态特征上有更伸长的神经突起,更容易形成明显的神经网络[图 6 - 3(b)]。[16]石墨烯薄膜上培养的神经干细胞在成熟的过程中表现出了增强的动作电位发放和整体突触活性。

石墨烯薄膜和氧化石墨烯薄膜也被证实能够促进诱导多能干细胞(induced Pluripotent Stem Cell, iPSC)的生长和分化[图 6 - 3(c)]。[17]由于表面含氧官能团的存在,亲水的氧化石墨烯能够引起诱导多能干细胞的更强黏附和更快增殖。石墨烯和氧化石墨烯均促进诱导多能干细胞向中胚层和外胚层细胞分化。不同的是,石墨烯抑制其向内胚层细胞分化,而氧化石墨烯因表面富羟基化促进其向内胚层细胞的分化。

除了石墨烯薄膜和氧化石墨烯薄膜作为独立的细胞载体,一些石墨烯复合材料由于石墨烯基纳米材料的联合作用,也对干细胞命运起到一定的调控作用。如还原氧化石墨烯-壳聚糖纳米复合材料能够促进间充质干细胞(Mesenchymal Stem Cell, MSC)向成骨细胞和神经细胞分化;石墨烯-聚己内酯复合纳米材料则对神经干细胞的特异性分化起到重要的调控作用。[18-20]

6.3.3 图案化的二维石墨烯基底对干细胞命运的调控

利用微米或纳米级图案化的几何结构来调控干细胞命运同样是一种有效的生物物理策略。对石墨烯和氧化石墨烯薄膜进行微观尺度图案化,也是利用石墨烯调控干细胞命运的研究内容之一。

通过对二维石墨烯进行氟化修饰,可以形成氟化石墨烯。由于表面 C—F 键的存在,氟化石墨烯能够增强干细胞的黏附与增殖。在图案化的氟化石墨烯上培养间充质干细胞(图 6 - 4),诱导分化后发现其向神经细胞特异性分化增强,同时它们的细胞骨架沿着氟化石墨烯图案方向排列。另外,研究发现石墨烯膜上

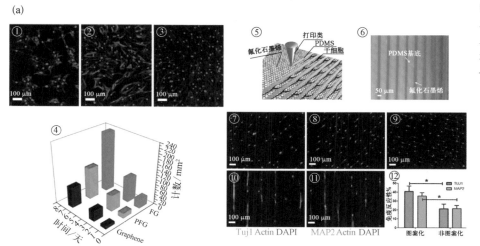

图案化氟化石墨烯

图 6-4 图案化的二维石墨烯基薄膜上干细胞的生长、增殖和分化

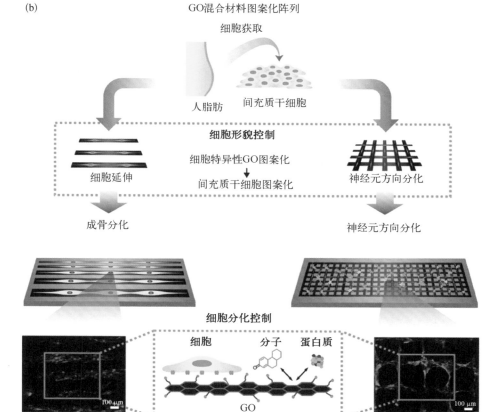

图 6-4 续图

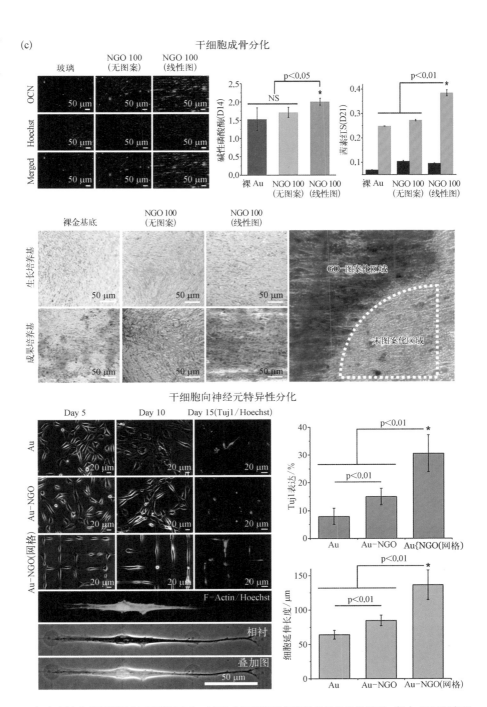

（a）图案化微通道氟化石墨烯基底上，MSC 向神经源性细胞特异性分化的结果；（b）不同图案化的二维 GO 基底培养间充质干细胞；（c）GO 在 MSC 成骨分化和神经源性分化的促进作用（NGO 为纳米氧化石墨烯）[21, 22]

氟化的程度与排列的间充质干细胞的核伸长率、细胞骨架、形态学和细胞密度有直接关系。[21]

有文献报道了利用不同的 GO 杂化几何图形来进行 MSC 向成骨细胞和神经细胞特异性分化的研究,证明了在促进 MSC 的特异性分化中,GO 的理化性质与不同杂化几何图形可以发挥协同作用。[22]此外,有研究将石墨烯制备成图案化的网格电极,并在电极上培养 MSC,只通过电刺激而不加任何其他外源诱导,就使得 MSC 分化为施万细胞。[23]

6.3.4　三维石墨烯基干细胞支架

二维细胞培养并不能满足组织工程中对三维组织再生和修复的需求,也同样无法提供完美的细胞生长的空间环境。所以,想要将石墨烯材料更好地应用于组织工程,三维石墨烯细胞支架的探索与开发必不可少。

基于泡沫镍模板,可以合成多孔的三维石墨烯结构。研究发现这样的三维石墨烯结构可以促进神经干细胞向神经细胞和星形胶质细胞分化[图 6-5(a)]。三维石墨烯结构具有复杂的微观表面结构和丰富的孔隙结构,能够很好地进行营养物质和细胞信号分子的交换,同时这种导电三维石墨烯泡沫也是对神经干

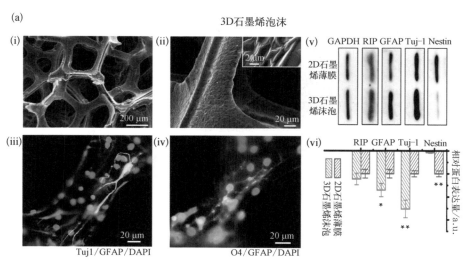

图 6-5　三维石墨烯基结构上干细胞的生长、增殖和分化

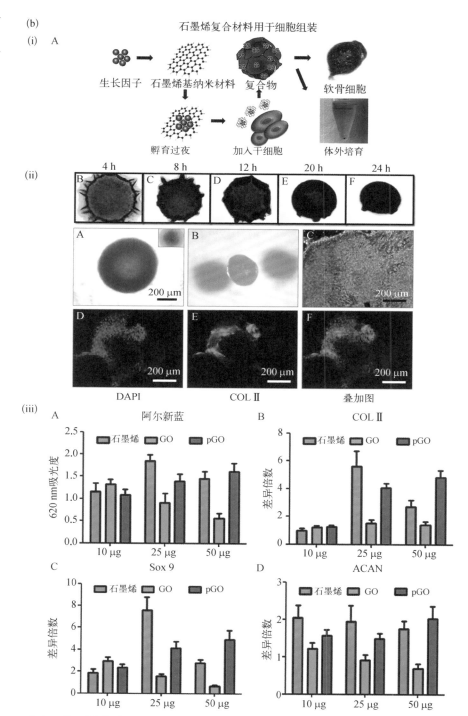

（a）三维石墨烯泡沫促进神经干细胞向神经细胞和星形胶质细胞分化；（b）三维石墨烯-细胞复合物促进 MSC 向软骨细胞分化 [10, 24]

细胞进行电刺激的优质平台。这些理化性质,都是潜在促进神经干细胞特异性分化的因素。除了促进神经干细胞的特异性分化之外,这种三维石墨烯泡沫也被证实能够促进间充质干细胞的成骨分化。三维石墨烯泡沫能够引导干细胞分化,其具有的三维连续多孔结构能够提供与在体相似的细胞生长微环境,同时具备优异的导电性能,使其在组织工程尤其是神经修复组织工程中,有非常大的应用潜力[10]。

另外一种构建石墨烯基三维细胞支架的策略也被提出来,并被用以促进 MSC 向软骨细胞分化,这种方法是用不同浓度的石墨烯、GO 和多孔 GO(pGO)形成混合石墨烯基纳米薄片,含有该薄片悬浮液的溶液首先在血清和软骨诱导物中进行孵育,然后引入 MSC,附着于石墨烯基纳米薄片上的细胞能够通过薄片的自组装形成团粒状的细胞生物复合材料[图 6-5(b)]。结果表明,GO 的减少和 pGO 的增加都会促进 MSC 向软骨细胞分化,而 GO 的增加则会抑制 MSC 向软骨细胞分化,这归因于 pGO 介导的扩散交换比较充分。该工作为利用组织工程促进软骨再生提供了一种可行性方案。[24]

6.4 石墨烯材料在体组织工程的应用

6.4.1 骨组织工程应用

石墨烯及其衍生材料在促进间充质干细胞成骨分化方面的研究已经在 6.3.3 小节论述,已有工作证实了石墨烯在骨组织工程中具有很大的应用潜力。

在骨组织修复再生研究中,将石墨烯及其衍生材料掺入骨再生材料中,可以刺激生物矿化过程,并且增加干细胞成骨分化,从而达到骨组织修复和增加骨传导性的目的。[1]例如,生物矿物(如磷酸钙)与石墨烯和 GO 纳米薄片混合,可以增强生物矿化作用。同时,在矿化的 GO 或石墨烯与磷酸钙复合材料上生长的成骨细胞,显示出了高生存能力和细长形状。[25]

在石墨烯基材料诱导干细胞成骨分化方面。Lu 等设计了一种自支撑的

石墨烯水凝胶膜。当石墨烯水凝胶膜植入大鼠模型中时,由于其粗糙的表面形态和优异的机械性能,间充质干细胞的成骨分化得到了增强,从而促进了骨再生。石墨烯水凝胶无序的表面形态可以为蛋白质吸附和细胞生长提供更好的环境。通过非共价键相互作用制备的多孔石墨烯水凝胶与传统石墨烯相比,其具有更高的机械强度,同时保持了水凝胶的机械柔韧性。将石墨烯水凝胶膜植入大鼠皮下部位12周后,水凝胶保持稳定,在周围观察到大量的血管生成,且没有严重的炎症反应。这意味着这种石墨烯水凝胶膜同时具有良好的生物安全性和生物相容性,是用于骨组织工程的理想材料。[26]此外,Xie等通过对比在二维、三维石墨烯支架和传统支架上培养的牙周膜干细胞(Periodontal Ligament Stem Cell, PDLSC)的成骨分化情况,证实了二维和三维石墨烯均能以更高的水平诱导PDLSC向成熟的成骨细胞分化,并推测石墨烯基材料的高弹性模量(1~2.4 TPa)可能是自发成骨分化的驱动力。[27]骨的无机部分主要由能支持骨再生的羟基磷灰石(Hydroxyapatite,HAP)组成,石墨烯基材料与HAP结合可以增强成骨分化和新骨形成。将GO纳米薄片和柠檬酸盐处理后稳定的HAP纳米颗粒悬浮溶液混合,GO纳米薄片和HAP纳米颗粒可以通过胶体化学合成的方式自组装形成三维纳米复合水凝胶,这种复合水凝胶无论在培养间充质干细胞还是前成骨细胞时,都显著促进了自发成骨分化。[28-30]不局限于此,石墨烯基材料还可以与更多复合材料(如硅酸盐)结合来影响成骨细胞分化,如石墨烯材料与硅酸锶结合,当锶离子被包裹到GO和rGO中时,锶离子可以从复合支架中缓慢释放出来并刺激细胞增殖和成骨分化。[31,32]

综上所述,尽管石墨烯及其衍生材料不适合单独作为骨组织工程的支架来应用,但其却可以通过与已有骨组织工程材料相结合,来改善和提高材料的相应性质,并使之更适用于骨组织修复,对已有生物材料性质的改善包括提高机械强度、形成更无序的表面结构等,以更适于蛋白吸附和细胞生长。

6.4.2 心脏组织工程应用

由于心脏组织的再生能力有限,心脏组织受损几乎是永久性的。目前,治疗

心脏损伤的长期策略依赖于心脏移植,然而心脏供体的数量远远低于患者总数,严峻的形势迫使研究者努力开发恢复受损组织的生物和物理特性的方法。目前,临床已经引入了多种新型的心脏再生的方法,包括将干细胞、生长因子、多肽和生物材料注射到心肌中,以及生成体外组织工程心脏贴片以取代部分受损的心肌组织。然而,这些方法对心脏结构和功能的修复极其有限,因此心脏组织工程的发展面临着严峻的考验。[33]

石墨烯及其衍生材料可以促进间充质干细胞向心肌细胞方向分化,通过与传统心脏组织工程材料结合,有望显著提高心脏组织工程材料的机械韧性和导电能力,因此其可以作为心脏再生组织工程的良好材料或辅助材料。[34,35]有文献报道在小鼠的心肌梗死模型中,与单独地注射 hMSC 或 rGO 相比,植入 rGO-hMSC 纳米复合颗粒显著改善了心脏修复水平和功能,这种方法不仅可以精准地将纳米颗粒和细胞注入损伤部位,还能够利用 rGO 的载药能力,持续递送药物。[36]将石墨烯材料与水凝胶支架复合可以改善其机械性能和导电能力。机械性能可调且导电的 GO/甲基丙烯酰化明胶(Gelatin Methacrylate,GelMA)可用于形成三维人工组织,用以修复心脏结构和恢复心脏功能。[37]类似的石墨烯/水凝胶复合材料应用实例还有很多(图 6-6)[38]。石墨烯基纳米材料的加入使得作为心脏组织工程支架的水凝胶材料具有更大的机械强度,导电性更强,从而更适用于心脏组织工程的研究和应用。

总体而言,石墨烯基纳米材料为工程化功能性心脏组织带来了很大的希望。大多数用于心脏组织工程的水凝胶机械性弱于天然组织,石墨烯基纳米颗粒的加入可以改善这些材料的机械性能和表面性能。此外,这些纳米颗粒增加了固有绝缘水凝胶的电导率,从而可以增强细胞信号传导,并改善在心脏组织工程非常重要的信号传递。将石墨烯基材料添加到水凝胶中也提供了与体内干细胞胞外基质更类似的微环境。因此,这些材料可以用于基于干细胞疗法的心脏组织工程,用以调控干细胞命运,但是也存在一些限制(例如生物相容性),需要在未来得到解决。

图6-6 石墨烯基
纳米材料在心脏组
织工程中的应用

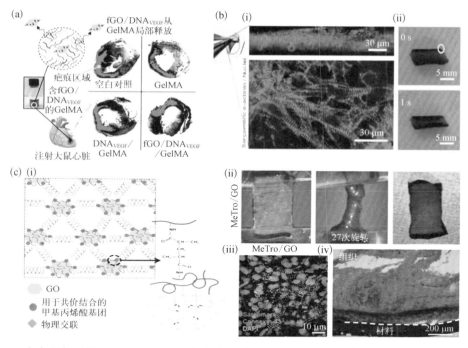

（a）红色区域显示心脏受损疤痕区域；（b）体外构建的心肌连接结构和心脏组织工程支架图；
（c）MeTro（Methacryloyl-substituted Recombinant Human Tropoelastin，甲基丙烯酰取代的重组人原
弹性蛋白）／GO复合材料结构示意图及其皮下植入后的免疫反应情况[38]

6.4.3 神经组织工程应用

通过以生物材料支架为载体的神经干细胞移植来实现神经组织的修复，目
前在医疗上仍是一个空白。然而离体神经元以及神经干细胞的三维培养甚至类
脑模型的建立，已经有很多尝试。神经受损的自体修复是一个很缓慢的过程，神
经轴突只能以每天2～5 mm的速度再生，而较大的神经损伤就很难完全自愈，所
以需要一个适当的引导神经再生的支撑桥来正确引导神经再生并重新建立
连接。

二维石墨烯薄膜兼具独特的表面性质、良好的生物安全性和优异的导电性，
可以促进神经突生长。通过将二维石墨烯图案化，可以引导神经元突起的定向
生长。[50]除此之外，还可以通过给石墨烯施加外部电场来促进干细胞向神经元方

向分化和生长。[16]因此,可以期待用二维石墨烯材料作为神经再生支架的表面材料来促进神经损伤修复。

三维石墨烯也正被开发应用于神经损伤修复。虽然三维泡沫石墨烯已经被应用于神经干细胞培养支架,但是其目前并不适用于神经修复。[10]最近,一种石墨烯基复合材料的生物墨水已经被开发并应用于神经导管的3D打印。研究者将石墨烯和聚丙交酯-乙交酯结合,制备了复合3D打印墨水,并打印成三维支架用于间充质干细胞体外培养,实验发现在无神经元分化诱导性刺激的简单生长条件下,这种支架具有诱导间充质干细胞向神经元分化的作用,并观察到明显的轴突样突起。同时,研究者还将这种支架3D打印成神经组织再生导管,在人类尸体模型中验证了其在神经外科手术中的可用性(图6-7)[39]。石墨烯基纳米材料对神经元诱导分化的促进作用,证明了石墨烯基材料在神经组织工程中应用的巨大潜力。

6.4.4　其他组织工程应用

与心肌细胞类似,骨骼肌细胞的再生能力也十分有限,一旦严重受损,就可能是永久缺失。为了再生骨骼肌组织,干细胞疗法与纳米材料结合的组织工程方法是有限的选择之一。石墨烯基纳米材料可以增强成肌细胞黏附、增殖和骨骼肌细胞的生成。在Mu等的一项研究中,与其他基底相比,生长在热降解石墨烯薄膜上的C2C12成肌细胞表现出更好的黏附和增殖,当通过石墨烯施加电刺激时,成肌细胞向肌管的分化加速,且代表肌管收缩能力的相关蛋白表达水平升高十倍以上(图6-8)。另外,石墨烯可以增加细胞的有序排列,从而可以最大化骨骼肌细胞的收缩力。[40-43]

石墨烯也已经被应用为软骨组织再生的支架。与其他组织不同,由于软骨组织中没有血管,且占比很小的软骨细胞基本没有再生能力,因此软骨组织一旦受损,便无法自我修复。石墨烯基材料(尤其是氧化石墨烯)可以增强间充质干细胞黏附、增殖和向软骨分化,石墨烯基材料还可以改善软骨支架的机械强度和导电性。在由GO组成的混合软骨支架上,细胞的生长

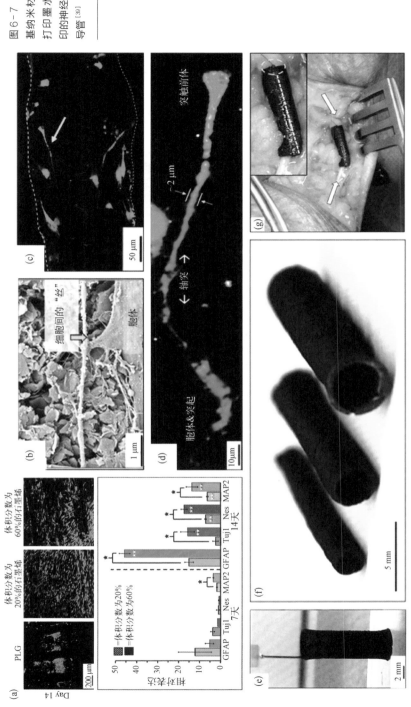

图 6 - 7 以石墨烯基纳米材料为 3D 打印墨水，3D 打印的神经组织再生导管[39]

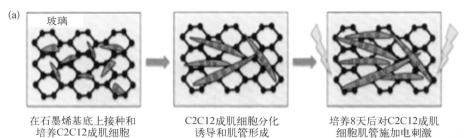

图 6-8 应用电刺激促进 C2C12 成肌细胞向肌细胞分化

在石墨烯基底上接种和培养C2C12成肌细胞

C2C12成肌细胞分化诱导和肌管形成

培养8天后对C2C12成肌细胞肌管施加电刺激

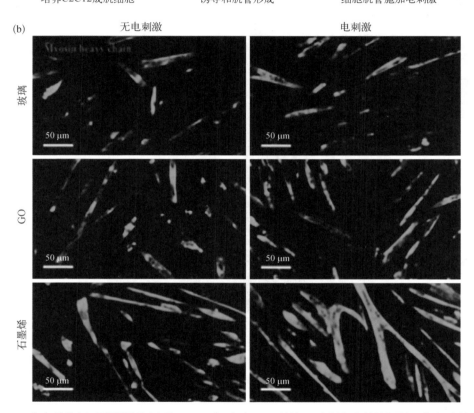

（a）培养在石墨烯薄膜基底上的 C2C12 成肌细胞，及通过给石墨烯施加电刺激的图解；（b）电刺激对不同基底上生长的 C2C12 成肌细胞分化的促进作用[43]

增殖能力提高，且在体实验证实了诱导形成的软骨/骨组织的比值升高。[24, 44-46]

另外，石墨烯基材料在皮肤、脂肪再生组织工程中，也有很优异的表现，这预示了其具有巨大的应用潜力。[47-49]

6.5　总结与展望

　　虽然尚处于初级探索阶段,石墨烯基纳米材料在其独特性质和优良性能的引导下,在组织工程和再生医学中的应用研究方面已经取得了很大的进展。[1,2,5]正如本章所述,石墨烯基纳米材料已然展示出了其在促进干细胞生长、增殖和控制干细胞命运方面的积极作用。在各种组织工程,尤其是心脏和神经系统相关的组织工程中的应用研究,石墨烯基纳米材料表现出了促进干细胞增殖分化、加速组织修复和组织功能恢复的明显效果。随着研究的进一步深入,我们有理由相信,在不久的将来,更完善、更可靠的石墨烯基组织支架将被设计出来,应用于临床组织工程和再生医学。石墨烯材料有可能在未来的组织工程和再生医学中扮演重要角色。

　　对组织工程的应用来说,人们希望合成与天然干细胞微环境尽量相似的生物材料支架,追求合成微环境稳健的同时能够增强干细胞自我更新能力的支架,以通过调控生物物理和生物化学信号促进干细胞的特异性分化。石墨烯基纳米材料在某些情况下,能够成功调控或控制干细胞命运,在生物材料支架方面展示了应用潜力。但为了达到这一目的,更深入具体的研究是必不可少的。

　　首先,必须更好地理解石墨烯的一般物理化学特征以及干细胞-石墨烯相互作用的具体机制。更清晰地阐明石墨烯的物理化学性质是进一步优化石墨烯组织工程材料的基础。同时,石墨烯材料和干细胞之间的相互作用也必须被阐述清楚。这样才能够针对不同的组织工程,对石墨烯组织工程材料进行特殊调整和个性化设计。

　　其次,在组织工程中,我们最期待能够模拟体内天然的干细胞微环境。目前,石墨烯材料较多的是以二维形式进行干细胞培养和组织工程应用。虽然已经有了三维化尝试,但目前石墨烯在制备稳定可控的三维结构以及三维结构的功能化上,仍存在一定问题。为了应对这一挑战,需要研究者开发更多突破性的新方法,比如可以通过石墨烯与其他材料结合,采用纳米技术、3D 打印、形成胶

体等方式来实现石墨烯三维结构的可控构建。

此外，针对在体的组织工程应用，需要考虑不同石墨烯材料的生物相容性和长期生物毒性。尽管目前在石墨烯纳米材料与干细胞的结合方面，获得了很多积极的结果，如促进增殖和分化、增强细胞短期活力等，但这种相互作用也可能面临潜在的负面影响，如氧化应激、膜损伤、染色质畸变、DNA 片段化等。而这些潜在的负面影响目前还并没有被全面地研究证实或排除隐患。即使已经有一些研究评估了石墨烯的长期生物毒性和安全性，这些结果也并不是完全正面的，这意味着石墨烯在组织工程的应用中，并不能根据结构和表面性质的需求来随意选择石墨烯材料。另外，此类研究目前多专注于体外细胞实验，而在体实验的研究并不充分。

总之，石墨烯基纳米材料已经在组织工程的应用中表现出了较大的潜力，随着研究的深入，更多的石墨烯组织工程材料也将被开发和应用，但人们需要全面了解不同石墨烯基纳米材料的积极作用和长期负面影响，以评估它们在组织工程应用中的前景和临床潜力。

参考文献

［1］ Shin S R, Li Y C, Jang H L, et al. Graphene-based materials for tissue engineering[J]. Advanced Drug Delivery Reviews, 2016 105(Pt B)：255 - 274.

［2］ Goenka S, Sant V, Sant S, et al. Graphene-based nanomaterials for drug delivery and tissue engineering[J]. Journal of Controlled Release, 2014, 173：75 - 88.

［3］ Cha C, Shin S R, Gao X, et al. Controlling mechanical properties of cell-laden hydrogels by covalent incorporation of graphene oxide[J]. Small, 2014, 10(3)：514 - 523.

［4］ Kenry, Loh K P, Lim C T, et al. Selective concentration-dependent manipulation of intrinsic fluorescence of plasma proteins by graphene oxide nanosheets[J]. RSC Advances, 2016, 6(52)：46558 - 46566.

［5］ Lutolf M P, Gilbert P M, Blau H M, et al. Designing materials to direct stem-cell fate[J]. Nature, 2009, 462 (7272)：433 - 441.

［6］ Kenry, Lee W C, Loh K P, et al. When stem cells meet graphene：Opportunities and challenges in regenerative medicine[J]. Biomaterials, 2018, 155：236 - 250.

[7] Kommireddy D S, Sriram S M, Lvov Y M, et al. Stem cell attachment to layer-by-layer assembled TiO₂ nanoparticle thin films[J]. Biomaterials, 2006, 27(24): 4296 – 4303.

[8] Mooney E, Dockery P, Greiser U, et al. Carbon nanotubes and mesenchymal stem cells: Biocompatibility, proliferation and differentiation[J]. Nano Letters, 2008, 8(8): 2137 – 2143.

[9] Nayak T R, Andersen H, Makam V S, et al. Graphene for controlled and accelerated osteogenic differentiation of human mesenchymal stem cells[J]. ACS Nano, 2011, 5(6): 4670 – 4678.

[10] Li N, Zhang Q, Gao S, et al. Three-dimensional graphene foam as a biocompatible and conductive scaffold for neural stem cells[J]. Scientific Reports, 2013, 3: 1604.

[11] Lee W C, Lim C H Y X, Shi H, et al. Origin of enhanced stem cell growth and differentiation on graphene and graphene oxide[J]. ACS Nano, 2011, 5(9): 7334 – 7341.

[12] Lee Y, Bae S K, Jang H, et al. Wafer-scale synthesis and transfer of graphene films[J]. Nano Letters, 2010, 10(2): 490 – 493.

[13] Ryoo S R, Kim Y K, Kim M H, et al. Behaviors of NIH – 3T3 fibroblasts on graphene/carbon nanotubes: Proliferation, focal adhesion, and gene transfection studies[J]. ACS Nano, 2010, 4(11): 6587 – 6598.

[14] Ruiz O N, Fernando K A S, Wang B J, et al. Graphene oxide: A nonspecific enhancer of cellular growth[J]. ACS Nano, 2011, 5(10): 8100 – 8107.

[15] Kalbacova M, Broz A, Kong J, et al. Graphene substrates promote adherence of human osteoblasts and mesenchymal stromal cells[J]. Carbon, 2010, 48(15): 4323 – 4329.

[16] Park S Y, Park J, Sim S H, et al. Enhanced differentiation of human neural stem cells into neurons on graphene[J]. Advanced Materials, 2011, 23(36): H263-H267.

[17] Chen G Y, Pang D W P, Hwang S M, et al. A graphene-based platform for induced pluripotent stem cells culture and differentiation[J]. Biomaterials, 2012, 33(2): 418 – 427.

[18] Kim J, Kim Y R, Kim Y, et al. Graphene-incorporated chitosan substrata for adhesion and differentiation of human mesenchymal stem cells[J]. Journal of Materials Chemistry B, 2013, 1(7): 933 – 938.

[19] Shah S, Yin P T, Uehara T M, et al. Guiding stem cell differentiation into oligodendrocytes using graphene-nanofiber hybrid scaffolds [J]. Advanced Materials, 2014, 26(22): 3673 – 3680.

[20] Kumar S, Raj S, Kolanthai E, et al. Chemical functionalization of graphene to augment stem cell osteogenesis and inhibit biofilm formation on polymer composites for orthopedic applications[J]. ACS Applied Materials & Interfaces,

2015, 7(5): 3237 - 3252.

[21] Wang Y, Lee W C, Manga K K, et al. Fluorinated graphene for promoting neuro-induction of stem cells[J]. Advanced Materials, 2012, 24(31): 4285 - 4290.

[22] Kim T H, Shah S, Yang L T, et al. Controlling differentiation of adipose-derived stem cells using combinatorial graphene hybrid-pattern arrays[J]. ACS Nano, 2015, 9(4): 3780 - 3790.

[23] Das S R, Uz M, Ding S, et al. Electrical differentiation of mesenchymal stem cells into schwann-cell-like phenotypes using inkjet-printed graphene circuits [J]. Advanced Healthcare Materials, 2017, 6(7): 1601087.

[24] Lee W C, Lim C H, Kenry, et al. Cell-assembled graphene biocomposite for enhanced chondrogenic differentiation[J]. Small, 2015, 11(8): 963 - 969.

[25] Kim S, Ku S H, Lim S Y, et al. Graphene-biomineral hybrid materials[J]. Advanced Materials, 2011, 23(17): 2009 - 2014.

[26] Lu J, He Y S, Cheng C, et al. Self-supporting graphene hydrogel film as an experimental platform to evaluate the potential of graphene for bone regeneration [J]. Advanced Functional Materials, 2013, 23(28): 3494 - 3502.

[27] Xie H, Cao T, Gomes J V, et al. Two and three-dimensional graphene substrates to magnify osteogenic differentiation of periodontal ligament stem cells [J]. Carbon, 2015, 93: 266 - 275.

[28] Xie X Y, Hu K W, Fang D D, et al. Graphene and hydroxyapatite self-assemble into homogeneous, free standing nanocomposite hydrogels for bone tissue engineering[J]. Nanoscale, 2015, 7(17): 7992 - 8002.

[29] Lee J H, Shin Y C, Jin O S, et al. Reduced graphene oxide-coated hydroxyapatite composites stimulate spontaneous osteogenic differentiation of human mesenchymal stem cells[J]. Nanoscale, 2015, 7(27): 11642 - 11651.

[30] Lee J H, Shin Y C, Lee S M, et al. Enhanced osteogenesis by reduced graphene oxide/hydroxyapatite nanocomposites[J]. Scientific Reports, 2015, 5: 18833.

[31] Kumar S, Chatterjee K. Strontium eluting graphene hybrid nanoparticles augment osteogenesis in a 3D tissue scaffold[J]. Nanoscale, 2015, 7(5): 2023 - 2033.

[32] Mehrali M, Moghaddam E, Shirazi S F S, et al. Synthesis, mechanical properties, and *in vitro* biocompatibility with osteoblasts of calcium silicate - reduced graphene oxide composites[J]. ACS Applied Materials & Interfaces, 2014, 6(6): 3947 - 3962.

[33] You J O, Rafat M, Ye G J C, et al. Nanoengineering the heart: Conductive scaffolds enhance connexin 43 expression [J]. Nano Letters, 2011, 11 (9): 3643 - 3648.

[34] Park J, Park S, Ryu S, et al. Graphene-regulated cardiomyogenic differentiation process of mesenchymal stem cells by enhancing the expression of extracellular matrix proteins and cell signaling molecules[J]. Advanced Healthcare Materials, 2014, 3(2): 176 - 181.

[35] Bressan E, Ferroni L, Gardin C, et al. Graphene based scaffolds effects on stem cells commitment[J]. Journal of Translational Medicine, 2014, 12(1): 296.

[36] Park J, Kim Y S, Ryu S, et al. Graphene potentiates the myocardial repair efficacy of mesenchymal stem cells by stimulating the expression of angiogenic growth factors and Gap Junction protein[J]. Advanced Functional Materials, 2015, 25: 2590 – 2600.

[37] Shin S R, Aghaei-Ghareh-bolagh B, Dang T T, et al. Cell-laden microengineered and mechanically tunable hybrid hydrogels of gelatin and graphene oxide[J]. Advanced Materials, 2013, 25(44): 6385 – 6391.

[38] Annabi N, Shin S R, Tamayol A, et al. Highly elastic and conductive human-based protein hybrid hydrogels[J]. Advanced Materials, 2016 28(1): 40 – 49.

[39] Jakus A E, Secor E B, Rutz A L, et al. Three-dimensional printing of high-content graphene scaffolds for electronic and biomedical applications[J]. ACS Nano, 2015, 9(4): 4636 – 4648

[40] Lu A H, Hao G P, Sun Q, et al. Design of three-dimensional porous carbon materials: from Static to dynamic Skeletons[J]. Angewandte Chemie, 2013, 52 (31): 7930 – 7932.

[41] Ahadian S, Ramón-Azcón J, Chang H, et al. Electrically regulated differentiation of skeletal muscle cells on ultrathin graphene-based films[J]. RSC Advances, 2014, 4(19): 9534 – 9541.

[42] Bajaj P, Rivera J A, Marchwiany D, et al. Graphene-based patterning and differentiation of C2C12 myoblasts[J]. Advanced Healthcare Materials, 2014, 3 (7): 995 – 1000.

[43] Mu J, Hou C, Wang H, et al. Origami-inspired active graphene-based paper for programmable instant self-folding walking devices[J]. Science Advances, 2015, 1 (10): e1500533.

[44] Buckwalter J A, Mankin H J, Grodzinsky A J, et al. Articular cartilage and osteoarthritis[J]. Instructional Course Lectures, 2005, 54: 465 – 480.

[45] Yoon H H, Bhang S H, Kim T, et al. Dual Roles of graphene oxide in chondrogenic differentiation of Adult stem cells: Cell-Adhesion substrate and growth Factor-Delivery carrier[J]. Advanced Functional Materials, 2015, 24 (41): 6455 – 6464

[46] Liao J F, Qu Y, Chu B Y, et al. Biodegradable CSMA/PECA/graphene porous hybrid scaffold for cartilage tissue engineering[J]. Scientific Reports, 2015, 5: 9879.

[47] Lee E J, Lee J H, Shi Y C, et al. Graphene oxide-decorated PLGA/collagen hybrid fiber sheets for application to tissue engineering scaffolds[J]. Biomaterials Research, 2014, 18(1): 18 – 24.

[48] Li Z H, Wang H Q, Yang B, et al. Three-dimensional graphene foams loaded with bone marrow derived mesenchymal stem cells promote skin wound healing

with reduced scarring[J]. Materials Science & Engineering C, Materials for Biological Applications, 2015, 57: 181 - 188.

[49] Kim J, Choi K S, Kim Y, et al. Bioactive effects of graphene oxide cell culture substratum on structure and function of human adipose-derived stem cells[J]. Journal of Biomedical Materials Research Part A, 2013, 101(12): 3520 - 3530.

[50] Li N, Zhang X M, Song Q, et al. The promotion of neurite sprouting and outgrowth of mouse hippocampal cells in culture by graphene substrates[J]. Biomaterials, 2011, 32(35): 9374 - 9382.

第 7 章

石墨烯肿瘤光热
治疗

7.1　基于纳米材料的肿瘤光热治疗

7.1.1　癌症治疗与纳米医学

癌症是一个世纪性难题,也是近年来学者们研究的热点。癌症是由于肿瘤细胞不受机体正常的生理调节,无限增殖而导致的恶性疾病,它有着巨大的杀伤力,并且难以治愈。据世界卫生组织报道,全球每年新增癌症病例的数量已达近1500万,癌症死亡人数接近1000万,中国约占世界年度新发癌症病例的一半[1]。现有的癌症治疗手段主要包括手术治疗、化学治疗(简称"化疗")和放射治疗(简称"放疗")。手术治疗利用手术切除肿瘤部位,但只能针对早期肿瘤细胞尚未转移的患者;化疗通过递送化学药物消除肿瘤,但因为对肿瘤细胞和正常细胞的杀灭作用缺乏选择性,通常具有较大的副反应;放疗是通过 X 射线照射肿瘤部位,杀灭肿瘤细胞,但只能针对未分化的肿瘤,而且辐射也具有较大的副作用。三种主要疗法中,手术治疗通常无法根治已有肿瘤转移的晚期病人,放疗和化疗对病人的二次伤害又很大[2]。因此,发展能特异性杀死肿瘤细胞而又不损害健康人体细胞的治疗方法,成了目前攻克癌症的一个主要热点。

纳米医学是近年来的新兴学科,其利用纳米技术和纳米材料本身独特的理化性质,为攻克传统医学上难以解决的问题提供新的方法。纳米材料在实际应用中有着循环时间更长、靶向性更好等诸多优势,目前也是研究的热点。然而多数纳米材料并未投入临床应用,主要原因是受限于纳米材料的生物相容性。因此,发展高效且生物相容性良好的医用纳米材料,用以提高癌症的诊断准确性和治疗效率并且降低毒副作用,是纳米医学研究的重要目标。

7.1.2　肿瘤的光热治疗

光热治疗(Photothermal Therapy,PTT)法作为一种新兴的微创肿瘤治疗技

术,近年来备受关注,被认为是一种极具潜力的、可替代手术治疗的技术。光吸收剂靶向定位到肿瘤部位后,对肿瘤部分照射激光,光吸收剂在吸收光后发生光热转换,从而产生热,引起肿瘤部位温度的升高,当温度升高到一定程度时,肿瘤细胞被杀伤,从而达到治疗肿瘤的目的。因为实现了光热转换物质对肿瘤的靶向递送,以及对肿瘤部位实行选择性的照射,所以光热治疗法带给其他健康部位的毒副作用大大降低。在典型的 PTT 中,使用的是近红外光(Near Infrared,NIR),光的波长为 700~1100 nm。近年来,多种在近红外区具有良好光吸收特性的纳米材料,包括金纳米颗粒、其他无机纳米颗粒及碳纳米材料等,在 PTT 方面取得了广泛的关注。这些纳米材料之所以能够诱导热疗,是因为它们可以有效地将吸收的近红外光转化为热而不产生毒副作用,这也是理想光热剂的重要标志[3]。根据照射部位温度升高的程度的不同,光热治疗通常可以分为过高热(Hyperthermia)和光热消融(Photothermal Ablation,PTA)两种。

光热治疗法通常是利用激光作为照射源照射肿瘤组织,照射时间一般为几分钟到几十分钟。光热治疗法产生的热量会导致一系列的结果,包括蛋白失活、线粒体肿胀、膜蛋白变性、细胞膜松动、双折射丧失、组织水肿及组织坏死等,从而对肿瘤细胞造成不可逆转的损伤。当温度达到 55~95℃ 时,肿瘤组织会在几分钟内发生显著变化[4, 5]。

光热治疗法的要点主要有两个方面[6]。(1)近红外光的使用:相对于其他波段的电磁波,近红外光在生物组织中具有较低的吸收率和较强的穿透能力,因此对正常组织的杀伤力低,且能穿透生物组织并到达生物体很多部位,可以充分发挥治疗作用。另外因为激光光源可以聚焦,所以可以选择性地只照射肿瘤部位,从而避开正常组织进行局部治疗。这些特征保障了光热治疗法的安全性。(2)光热转换材料:光热治疗法中的光吸收剂需要使用在近红外区有高吸收强度的材料,从而可以高效地将吸收的光能转化成热能。纳米技术在生物医药领域的发展催生了一系列纳米光热材料,为了应用于光热治疗法,这些材料本身或者是经过修饰后,具备良好的生物相容性。另外,光热治疗法所用的光吸收剂纳米材料需要具有合适的尺寸,并且具有在肿瘤部位的主动靶向能力,或者可以通过被动靶向功能性生物分子或纳米颗粒实现在肿瘤部位的富集。以上重要条件

为靶向光热治疗肿瘤奠定了坚实的基础。

7.1.3　光热治疗法常用材料

对于光热治疗法来说,最重要的是寻找一种生物相容性良好,并且具有较高光热转换效率和一定肿瘤靶向性的材料。目前常见的 PTT 材料主要有四类：金纳米材料、其他无机纳米材料、有机纳米颗粒及碳纳米材料。

（1）金纳米材料

金纳米材料可以通过表面等离激元共振现象实现非常高效的光热转化[7-9]。金纳米材料包括纳米颗粒、纳米棒等,它们的光学性质主要受材料尺寸和形状控制,通过调节其形状、尺寸,金纳米材料的等离子共振吸收峰的峰位可以被调至近红外区域,从而用于肿瘤的光热治疗。

（2）其他无机纳米材料

最近几年,多种在近红外光区域具有良好光吸收能力的无机纳米材料被制备出来,在经过适当的表面改性后,实现了肿瘤的有效光热处理[10]。举例来说,有研究者发现过渡金属硫化物二维原子晶体在近红外光区具有很强的光吸收能力,这些过渡金属硫化物二维原子晶体经表面修饰后可用于光热治疗[11, 12]。另外,其他一些纳米颗粒,比如锗纳米晶[13]、钯蓝等,也在肿瘤的光热治疗方面展示出较大的应用潜力。

（3）有机纳米颗粒

有机纳米颗粒光热治疗材料一般是指在近红外区有光学吸收的一些有机染料,如吲哚菁绿(Indocyanine Green,ICG)以及一些导电聚合物等。最早使用的ICG 会非特异性地吸附蛋白质[14],但其在水中的溶解性较差,高浓度时会发生自聚集。Zheng 等使用磷脂聚乙二醇来修饰 ICG,改善了 ICG 在水中的溶解性,实现了对肿瘤细胞的光热治疗[15]。

（4）碳纳米材料

在碳纳米材料的大家族中,碳纳米管和石墨烯材料在近红外区有较强的光吸收,在体内和体外光热治疗方面,显示了较大的应用潜力。用各种各样的靶向

肽或抗体修饰的碳纳米管已经被成功地应用于光热治疗领域[16]。自从 2004 年石墨烯被发现以来,石墨烯及其衍生物因其独特的理化特性而受到广泛的关注。在药物递送、基因递送、光热治疗、生物传感、生物成像、组织工程以及抗菌材料等众多生物医学相关领域,石墨烯基材料都展示出了非常好的应用前景。石墨烯具有较高的光热转换效率,特别是在近红外区域,这主要是因为近红外光或者声子可以通过强迫共振过程与石墨烯产生强烈相互作用,这些相互作用增加了石墨烯片的无序程度,将动能转化为热能。同时,研究者发现,经过一定表面修饰的纳米石墨烯在实验条件下不会对实验动物产生明显的毒副作用,并且随着时间的推移,可以逐渐地通过肝脏代谢排出体外,从而说明经一定修饰的石墨烯具有良好的生物相容性,进一步推动了它在生物医学领域的发展[17, 18]。

石墨烯在近红外区良好的光热转换能力被广泛地用于肿瘤的光热治疗研究。石墨烯基材料,包括氧化石墨烯(GO)、还原氧化石墨烯(rGO)、氧化石墨烯-纳米颗粒复合物等,这些石墨烯基材料在肿瘤光热治疗方面也显示了显著的功效,这主要得益于石墨烯基材料拥有较大的比表面积,在近红外区有很好的吸收,并且拥有足够多的官能团以进行表面修饰。

GO 具有特殊的理化和生物特性,它携带的含氧官能团使得它在水溶液中有更好的分散性。此外,GO 的细胞毒性较低,生产成本不高,被认为是理想的高生物相容性材料。本章也主要综述利用氧化石墨烯进行肿瘤光热治疗的研究现状。

7.2 基于石墨烯的肿瘤光热治疗

7.2.1 基于石墨烯的肿瘤光热治疗

应用于肿瘤光热治疗的光热转换材料,需要有较高的生物相容性、较长的体内循环时间、较高的特异性,以及较小的毒副作用。石墨烯肿瘤光热治疗研究的一个重点是在石墨烯基材料上负载不同的颗粒,以实现其功能的多样化,并提高光热治疗效率、改善生物相容性,以及增强靶向性。

纳米材料进入人体之后,会与生物体的细胞、组织和器官接触产生生物应答,进而可能会被吞噬细胞摄取,引起一系列的免疫反应。影响免疫反应的主要因素是颗粒的尺寸、形貌和表面修饰物。对氧化石墨烯基材料的生物相容性来说,主要涉及氧化石墨烯基材料的尺寸、剂量和表面性质。Akhavan 等[20]发现氧化石墨烯的生物毒性与其浓度有关,当氧化石墨烯的浓度达到 75 μg/mL 时,就会导致细胞周期变化,从而诱导细胞凋亡。Jaworski 等[21]研究发现,当氧化石墨烯浓度达到 100 μg/mL 时,人体 U118 细胞凋亡率非常高(99%),坏死率为 0.2%;而在 U87 细胞里,凋亡率和坏死率分别为 68% 和 24%,说明细胞膜上基因表达的不同导致细胞对光热治疗中的石墨烯基材料有不同的应答。

为了提高生物相容性,有研究者对氧化石墨烯进行了表面改性。例如,将修饰了 PEG 的氧化石墨烯与聚顺丁烯二酸酐接枝共聚,合成超小尺寸的复合物[22, 23],与 PEG 修饰的氧化石墨烯相比,该复合物有延长血液循环时间的作用,并且在网状内皮组织的富集也较少,这证明了表面修饰的重要性。

在氧化石墨烯表面修饰生物相容性很好的卟啉,得到的复合物拥有更高的光热转换效率。在波长为 808 nm 光的辐照下,修饰后的氧化石墨烯相比于未修饰的氧化石墨烯和还原氧化石墨烯,光热转换效率分别提高了 89% 和 33%[24]。这对于肿瘤光热治疗是至关重要的。

利用亲水分子可以对石墨烯表面进行修饰。出于环境友好的考虑,研究者最近开发了一种用简单的微波法制备出可在水中分散的、生物相容性良好的,并且具有磁性的多功能石墨烯基材料,为磁共振成像、药物递送和光热治疗提供了新思路[25]。

提高肿瘤光热治疗效率的一个重要方法是增强肿瘤的特异识别性。因此,在氧化石墨烯或还原氧化石墨烯上连接具有特异性的靶向配体就显得尤为重要。例如,将两亲的 PEG 链和精氨酸-甘氨酸-天冬氨酸肽链功能化修饰在单层氧化石墨烯纳米带上,可用于靶向识别人胶质母细胞瘤 U87MG 细胞上的蛋白受体[26]。此外,有研究报道了基于氧化石墨烯的靶向药物递送系统,包括核酸适配体化合物、叶酸等功能化的氧化石墨烯,这些都可以增强光热剂在靶点处的聚集,从而提高光热治疗法的效率[27-29]。

氧化石墨烯基材料也可以作为药物递送系统中的一员参与到肿瘤光热治疗中。可以在氧化石墨烯上连接或者负载功能化的高聚物,以做出物理刺激响应,例如对 pH、温度或光做出响应。近年来,一种由还原氧化石墨烯共价连接支化聚乙烯亚胺(BPEI)和 PEG 组成的复合物,被成功用于细胞质内的 DOX 的释放。研究证明,与没有进行近红外光辐照相比,DOX-PEG-BPEI-rGO 复合物处理的细胞在近红外光照射下,能够促使更多的肿瘤细胞死亡[30]。壳聚糖修饰的氧化石墨烯纳米片也是重要的功能材料,其独特的 pH 响应特性为肿瘤治疗提供了有利条件。有研究表明[31],壳聚糖可与叶酸形成共聚物,进一步修饰氧化石墨烯,得到弱酸性的纳米复合物,当其用于递送药物时,载药量高达 95%,pH 为 5.3 时的药物释放率明显高于 pH 为 7.4 时的药物释放率。这些结果表明,当氧化石墨烯被负载上功能化的高聚物之后,光热治疗的多样性也能得以实现。

7.2.2 基于石墨烯的肿瘤联合治疗

在肿瘤治疗的过程中,单一疗法往往存在较大的局限性。近年来,联合治疗由于可以在一定程度上弥补各种单一疗法的不足,因而在肿瘤治疗中表现了很大的潜力。联合治疗通常是将两种及以上治疗方法(如化疗、光热治疗、光动力学治疗、声动力疗法等)同时结合于同一载体上,由于不同的疗法作用机制不尽相同,多种疗法可在细胞成长和分裂的不同阶段发挥不同作用[32],从而对肿瘤达到协同治疗的效果。

尽管近红外光的穿透能力相对可见光较强,但随着穿透组织的深入,近红外光也会发生散射并被组织吸收,所以单独的光热治疗难以根除深部肿瘤组织,将其与化疗药物传递相结合可以很好地解决这一问题。单独的化学药物通常对正常细胞的毒副作用比较大,如果将药物负载于靶向性的光热治疗材料上递送进细胞,并借助于光热效应释放药物,则可以大大减小药物的毒副作用。Cheon等[33]用 DOX 修饰在牛血清白蛋白-还原氧化石墨烯(BSA-rGO)的表面,利用药物的化疗作用和 GO 的光热治疗功能得到了可用于化疗和光热治疗协同治疗的纳米复合体系。研究者发现,相对于单纯的化疗和光热治疗,协同治疗表现出

了更好的肿瘤治疗效果。通过将 rGO 和金超结构结合起来，Lin 等[34]同时实现了光声成像和光热治疗。Wang 等[35]先用介孔二氧化硅包覆 GO 形成夹层结构，然后包覆 PEG 以增强其水溶性，再连接 IL31 肽以实现神经胶质瘤细胞靶向性，最后装载化疗药物 DOX 而制成复合纳米颗粒。由于氧化石墨烯的光热效应会促进 DOX 药物的释放，因而该复合纳米颗粒的使用实现了光热-化学协同治疗，同时 IL31 肽的使用增加了复合纳米颗粒对肿瘤部位的靶向性，进一步减弱了对健康组织的毒副作用（图 7-1）。

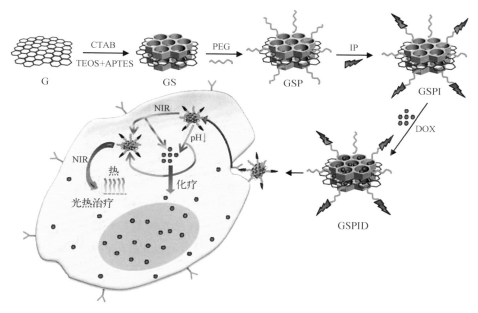

图 7-1 光热治疗与化疗的协同治疗示意图[35]

光动力学治疗（Photodynamic Therapy，PDT）是利用一定波长的光源照射靶体内的光敏剂（Photosensitizer，PS），使之从基态跃迁到激发态，处于激发态的光敏剂与基态氧（$^3O_2$）发生电子或能量传递，产生大量的活性氧（Reactive Oxygen Species，ROS），包括过氧化氢（H_2O_2）、超氧阴离子（O_2^-）、羟基自由基（HO^-）和单线态氧（$^1O_2$）等[36]，其中最典型的是 $^1O_2$。因为强氧化性，ROS 可以通过氧化细胞内的生物大分子损伤细胞结构或影响细胞功能[37, 38]，进而达到杀死病变部位细胞和治疗的目的。将光热治疗与光动力学治疗联合，可以提高光

与能量的转换效率。研究者将光敏分子二氢卟吩E6(Ce6)负载在聚乙二醇修饰的纳米GO上,发现即使在低功率的近红外光照射下,细胞仍然能够有效地摄取该复合物,实现了光热促进的光动力学治疗[39](图7-2)。

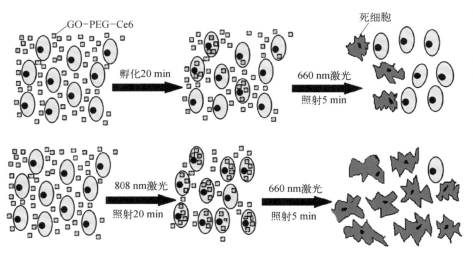

图7-2 光热促进的光动力学治疗示意图[39]

为了提高抗肿瘤的效率,研究者们提出很多办法发展石墨烯基或氧化石墨烯基的功能化复合物。Cho等[40]提出了一种酶激活的氧化石墨烯光敏剂复合物,能够用于近红外荧光成像和癌症光疗。透明质酸联结光敏剂Ce6和氧化石墨烯能够有效促进光热治疗和光动力学治疗。尽管目前已经存在将化疗药物DOX、光敏剂Ce6与氧化石墨烯共递送以实现光热治疗和光动力学治疗的协同作用,但是该方法也存在一个缺陷,即只在表面产生热效应,穿透深度不够(仅有几厘米)。为了解决这一问题,声动力学(Sonodynamic)促进的光动力学治疗作为光热促进的光动力学疗法的替代,逐渐进入大众视野。通过用超声替代光去激发敏感剂,两者协同可以增加穿透深度,甚至到达10厘米[41]。由于穿透深度比之前有所提升,肿瘤的消除范围也大大增加,能够解决光动力学治疗中清除不够彻底的问题。

7.2.3　基于石墨烯的医学成像引导的光热治疗

在氧化石墨烯基材料上修饰功能性的有机或无机物已经非常普遍,这在多

模态光热治疗中也不例外。氧化石墨烯和还原氧化石墨烯本身的理化特性使得它们可以直接连接荧光分子(例如有机染料等),用于生物医学成像。Taratula等提出了一种将苯二甲蓝染料负载到石墨烯上的方法[42],可用于成像介导的光热治疗,石墨烯片层的分子结构可以阻止染料的荧光猝灭,并且可以在单一波长低功率下进行近红外辐照。这种光热治疗法的肿瘤细胞杀死率提高了90%~95%。

在癌症的临床治疗中,图像可以准确给出肿瘤的尺寸和位置信息。在医学上比较普遍使用的成像手段有光声成像、磁共振成像和计算机断层扫描成像。光声成像结合了光学成像与声学成像两者的优势,具有较高的空间分辨率和组织穿透深度。光热剂由于在近红外区有很强的吸收,也可以作为光声造影剂。磁共振成像具有非侵入性、无放射性和高空间分辨率等特点,并且,磁共振成像可以进行温度监测,可用于光热治疗中温度的实时监控。最近,有研究者合成了氧化石墨烯-氧化铁纳米颗粒(GO-IONP),IONP的引入提高了MRI成像衬度,因此GO-IONP可被用于多模态成像引导的光热治疗[22, 43]。计算机断层扫描成像具有较高的空间分辨率和较快的扫描速率,在骨骼等硬组织成像方面具有较大优势。通常将CT与其他成像技术结合(如CT/MRI双模态成像),可发挥多种成像技术的优势,从而提高诊断效率。除此之外,将造影剂与具有光热转换能力的纳米材料相结合,在癌症诊断和治疗中也具有重要价值。

7.2.4　石墨烯与低功率高效光热治疗

采用光热和光动力学治疗癌症时,需要避免高功率激光的使用,以最大限度地降低给正常健康组织带来的损伤,这就对提高光热或光敏剂的转换效率提出了更高的要求。除此之外,低激光功率高效光热治疗对于相对较大的肿瘤组织也有更好的疗效。为了提高光热转换效率,研究者利用氧化石墨烯负载金等贵金属纳米颗粒,因为等离激元共振效应,贵金属纳米颗粒在可见和近红外光区有更强的吸收,而且在光照下,贵金属颗粒有高稳定性,结合其尺寸和光吸收的可调性,贵金属纳米颗粒石墨烯复合结构为合成非常有前景的低激光功率高效光

热治疗候选材料提供了新思路[44-47]。

7.2.5　石墨烯与声动力疗法

因为激光的穿透深度有限,光热和光动力学治疗不适用于深部肿瘤的治疗。Henderson 等[48]研究发现,当采用 810 nm 的连续近红外光辐照时,在 10～15 W 的功率下穿透深度仅为 3 cm,这在临床上是远远不够的。近年来发展起来的声动力疗法(Sonodynamic Therapy,SDT)使用具有大穿透深度的超声波激发光敏剂,所以更适合组织深部肿瘤的治疗。最近,研究者[49]在还原氧化石墨烯纳米片(nrGO)上生长介孔氧化硅(Mesoporous Silica,MSN),并包被上玫瑰红-聚乙二醇-耦合氧化铁纳米颗粒[Rose Bengal（RB）-PEG-Conjugated Iron-oxide Nanoparticles（IONP）],得到还原氧化石墨烯@介孔氧化硅-氧化铁纳米颗粒-聚乙二醇-玫瑰红染料(nrGO@MSN - IONP - PEG - RB)。研究发现,磁成像引导的聚焦超声辐射中,超声波激发玫瑰红产生单线态氧引起的 SDT 效应,可以和 rGO 与 IONP 在超声下引起的热效应产生协同作用,增强对肿瘤细胞的杀伤能力。另外,超声波的使用对深部的肿瘤也有治疗效果,这是优于光热和光动力学治疗的地方。

7.2.6　总结与展望

石墨烯基材料,主要是氧化石墨烯、还原氧化石墨烯和氧化石墨烯-纳米颗粒复合物,作为一种有效的肿瘤光热治疗光热转换材料或辅助材料,已经被广泛研究。许多研究成果表明,石墨烯基材料在体外和在体肿瘤治疗中显示出了积极的效果,并且在光热治疗与化疗、光动力学治疗等的协同疗法中也发挥了重要的作用。

本章系统地总结了石墨烯基材料在肿瘤光热疗法中的应用,这些功能化的新型材料在纳米医学领域有很大的应用潜力。同时,这些材料在实际应用之前还存在一些问题需要我们解决,例如,降低石墨烯基材料的生物毒性,揭示它们

在体内的降解和代谢行为,以及传统光热治疗法所面临的穿透性差的局限等。由于光热治疗材料在肿瘤中的富集量会随时间发生较大的变化,因而如何判断最佳的治疗时机也很关键。此外,借助纳米材料发展可靠的成像方法在临床中也不可或缺。

参考文献

［1］ Siegel R L，Miller K D，Jemal A. Cancer statistics，2018［J］. CA：A Cancer Journal for Clinicians，2018，68(1)：7 - 30.

［2］ Peer D，Karp J M，Hong S，et al. Nanocarriers as an emerging platform for cancer therapy［J］. Nature Nanotechnology，2007，2(12)：751 - 760.

［3］ Feng W，Chen L，Qin M，et al. Flower-like PEGylated MoS_2 nanoflakes for near-infrared photothermal cancer therapy［J］. Scientific Reports，2015，5：17422.

［4］ 康艳霞,张贺龙.肿瘤热疗机制的研究进展［J］.现代肿瘤医学,2008,16(3)：473 - 475.

［5］ 王化宁,包国强,赖大年.肿瘤热疗的临床应用及研究进展［J］.现代肿瘤医学,2006,14(2)：231 - 233.

［6］ 史晓泽.石墨烯基复合纳米材料的制备及其在肿瘤成像和光热治疗中的应用［D］.苏州：苏州大学,2014.

［7］ Xia Y N，Li W Y，Cobley C M，et al. Gold nanocages：From synthesis to theranostic applications［J］. Accounts of Chemical Research，2011，44(10)：914 - 924.

［8］ Bardhan R，Lal S，Joshi A，et al. Theranostic nanoshells：from probe design to imaging and treatment of cancer［J］. Accounts of Chemical Research，2011，44(10)：936 - 946.

［9］ Huang X H，Elsayed M A. Gold nanoparticles：Optical properties and implementations in cancer diagnosis and photothermal therapy［J］. Journal of Advanced Research，2010，1(1)：13 - 28.

［10］ Cheng L，Wang C，Feng L Z，et al. Functional nanomaterials for phototherapies of cancer［J］. Chemical Reviews，2014，114(21)：10869 - 10939.

［11］ Liu T，Wang C，Gu X，et al. Drug delivery with PEGylated MoS_2 nano-sheets for combined photothermal and chemotherapy of cancer［J］. Advanced Materials，2014，26(21)：3433 - 3440.

［12］ Cheng L，Liu J J，Gu X，et al. PEGylated WS(2) nanosheets as a multifunctional theranostic agent for *in vivo* dual-modal CT/photoacoustic imaging guided

photothermal therapy[J]. Advanced Materials, 2014, 26(12): 1886 - 1893.

[13] Homan K, Kim S, Chen Y S, et al. Prospects of molecular photoacoustic imaging at 1064 nm wavelength[J]. Optics Letters, 2010, 35(15): 2663 - 2665.

[14] Mordon S, Devoisselle J M, Soulie-Begu S, et al. Indocyanine green: Physicochemical factors affecting its fluorescence *in vivo* [J]. Microvascular Research, 1998, 55(2): 146 - 152.

[15] Zheng X, Xing D, Zhou F, et al. Indocyanine green-containing nanostructure as near infrared dual-functional targeting probes for optical imaging and photothermal therapy[J]. Molecular Pharmaceutics, 2011, 8(2): 447 - 456.

[16] 程亮,汪超,刘庄.功能纳米材料在肿瘤光学治疗中的应用[J].中国肿瘤临床,2014, 41(1): 18 - 26.

[17] Yang K, Gong H, Shi X Z, et al. *In vivo* biodistribution and toxicology of functionalized nano-graphene oxide in mice after oral and intraperitoneal administration[J]. Biomaterials, 2013, 34(11): 2787 - 2795.

[18] Yang K, Wan J M, Zhang S, et al. *In vivo* pharmacokinetics, long-term biodistribution, and toxicology of PEGylated graphene in mice[J]. ACS Nano, 2011, 5(1): 516 - 522.

[19] 冯良珠.基于纳米石墨烯的基因与药物载体研究[D].苏州:苏州大学,2015.

[20] Akhavan O, Ghaderi E, Akhavan A. Size-dependent genotoxicity of graphene nanoplatelets in human stem cells[J]. Biomaterials, 2012, 33(32): 8017 - 8025.

[21] Jaworski S, Sawosz E, Grodzik M, et al. *In vitro* evaluation of the effects of graphene platelets on glioblastoma multiforme cells[J]. International Journal of Nanomedicine, 2013, 8: 413 - 420.

[22] Yang K, Feng L Z, Shi X Z, et al. Nano-graphene in biomedicine: Theranostic applications[J]. Chemical Society Reviews, 2013, 42(2): 530 - 547.

[23] Hong G S, Diao S, Antaris A L, et al. Carbon nanomaterials for biological imaging and nanomedicinal therapy [J]. Chemical Reviews, 2015, 115 (19): 10816 -10906.

[24] Su S H, Wang J L, Wei J H, et al. Efficient photothermal therapy of brain cancer through porphyrin functionalized graphene oxide[J]. New Journal of Chemistry, 2015, 39(7): 5743 - 5749.

[25] Gollavelli G, Ling Y C. Multi-functional graphene as an *in vitro* and *in vivo* imaging probe[J]. Biomaterials, 2012, 33(8): 2532 - 2545.

[26] Akhavan O, Ghaderi E, Emamy H. Nontoxic concentrations of PEGylated graphene nanoribbons for selective cancer cell imaging and photothermal therapy [J]. Journal of Materials Chemistry, 2012, 22(38): 20626 - 20633.

[27] Qin X C, Guo Z Y, Liu Z M, et al. Folic acid-conjugated graphene oxide for cancer targeted chemo-photothermal therapy[J]. Journal of Photochemistry and Photobiology B, Biology, 2013, 120: 156 - 162.

[28] Kim M G, Shon Y, Lee J, et al. Double stranded aptamer-anchored reduced

graphene oxide as target-specific nano detector[J]. Biomaterials, 2014, 35(9): 2999-3004.

[29] Kim M G, Park J Y, Miao W, et al. Polyaptamer DNA nanothread-anchored, reduced graphene oxide nanosheets for targeted delivery[J]. Biomaterials, 2015, 48: 129-136.

[30] Kim H, Lee D, Kim J, et al. Photothermally triggered cytosolic drug delivery via endosome disruption using a functionalized reduced graphene oxide[J]. ACS Nano, 2013, 7(8): 6735-6746.

[31] Anirudhan T S, Sekhar V C, Athira V S. Graphene oxide based functionalized chitosan polyelectrolyte nanocomposite for targeted and pH responsive drug delivery[J]. International Journal of Biological Macromolecules, 2020, 150: 468-479.

[32] Lehár J, Krueger A S, Avery W, et al. Synergistic drug combinations tend to improve therapeutically relevant selectivity[J]. Nature Biotechnology, 2009, 27 (7): 659-666.

[33] Cheon Y A, Bae J H, Chung B G. Reduced graphene oxide nanosheet for chemo-photothermal therapy[J]. Langmuir, 2016, 32(11): 2731-2736.

[34] Lin L S, Yang X Y, Niu G, et al. Dual-enhanced photothermal conversion properties of reduced graphene oxide-coated gold superparticles for light-triggered acoustic and thermal theranostics[J]. Nanoscale, 2016, 8: 2116-2122.

[35] Wang Y, Wang K Y, Zhao J F, et al. Multifunctional mesoporous silica-coated graphene nanosheet used for chemo-photothermal synergistic targeted therapy of glioma[J]. Journal of the American Chemical Society, 2013, 135(12): 4799-4804.

[36] Lau A T, Wang Y, Chiu J F. Reactive oxygen species: Current knowledge and applications in cancer research and therapeutic [J]. Journal of Cellular Biochemistry, 2008, 104(2): 657-667.

[37] Schwiertz J, Wiehe A, Gräfe S, et al. Calcium phosphate nanoparticles as efficient carriers for photodynamic therapy against cells and bacteria [J]. Biomaterials, 2009, 30(19): 3324-3331.

[38] Shieh M J, Peng C L, Chiang W L, et al. Reduced skin photosensitivity with meta-*Tetra*(hydroxyphenyl)chlorin-loaded micelles based on a Poly(2-ethyl-2-oxazoline)-b-poly (d, l-lactide) diblock copolymer *in vivo*. Molecular Pharmaceutics, 2010, 7(4): 1244-1253.

[39] Tian B, Wang C, Zhang S, et al. Photothermally enhanced photodynamic therapy delivered by nano-graphene oxide[J]. ACS Nano, 2011, 5(9): 7000-7009.

[40] Cho Y, Kim H, Choi Y. A graphene oxide-photosensitizer complex as an enzyme-activatable theranostic agent [J]. Chemical Communications, 2013, 49(12): 1202-1204.

[41] Bai W K, Shen E, Hu B. Induction of the apoptosis of cancer cell by

sonodynamic therapy: A review[J]. Chinese Journal of Cancer Research, 2012, 24(4): 368-373.

[42] Taratula O, Patel M, Schumann C, et al. Phthalocyanine-loaded graphene nanoplatform for imaging-guided combinatorial phototherapy[J]. International Journal of Nanomedicine, 2015, 10(1): 2347-2362.

[43] Li X, Liang X, Yue X, et al. Imaging guided photothermal therapy using iron oxide loaded poly(lactic acid) microcapsules coated with graphene oxide[J]. Journal of Materials Chemistry B, 2014, 2: 217-223.

[44] Huang X H, Jain P K, El-Sayed I H, et al. Plasmonic photothermal therapy (PPTT) using gold nanoparticles[J]. Lasers in Medical Science, 2007, 23: 217-228.

[45] Chang G, Wang Y, Gong B, et al. Reduced graphene oxide/amaranth extract/AuNPs composite hydrogel on tumor cells as integrated platform for localized and multiple synergistic therapy[J]. ACS Applied Materials & Interfaces, 2015, 7(21): 11246-11256.

[46] Yang L Y, Tseng Y T, Suo G L, et al. Photothermal therapeutic response of cancer cells to aptamer-gold nanoparticle-hybridized graphene oxide under NIR illumination[J]. ACS Applied Materials & Interfaces, 2015, 7(9): 5097-5106.

[47] 孔祥权,严刚,邝淼,等.还原氧化石墨烯-硫化铜纳米复合材料的制备及在癌症热疗中的应用[J].高等学校化学学报,2016,37(1): 1-6.

[48] Henderson T A, Morries L D. Near-infrared photonic energy penetration: Can infrared phototherapy effectively reach the human brain?[J]. Neuropsychiatric Disease and Treatment, 2015, 11: 2191-2208.

[49] Chen Y W, Liu T Y, Chang P H, et al. A theranostic nrGO@MSN-ION nanocarrier developed to enhance the combination effect of sonodynamic therapy and ultrasound hyperthermia for treating tumor[J]. Nanoscale, 2016, 8(25): 12648-12657.

第 8 章

石墨烯基抗菌材料

8.1　有争议的石墨烯基材料的抗菌性

超级细菌感染一直是世界上最大的公共卫生问题之一,全球每年超级细菌的感染者有数百万人[1]。目前,为解决这个问题而广泛使用的方法是大量使用抗菌药物。然而,传统抗生素的滥用导致的细菌耐药问题,反过来又使得治疗细菌感染更加困难。为克服此问题,研究人员探索出了打破传统的新型抗菌剂,如碳纳米管[2]、金属纳米颗粒[3]、金属氧化物纳米颗粒[4]等。

近年来,人们发现石墨烯对细菌[5]、真菌[6]具有很强的细胞毒性,对植物病原体[7]具有显著的抑制作用,有可能作为一种新型的抗菌材料。与碳纳米管相比,石墨烯具有低细胞毒性,因而哺乳动物细胞对其具有更佳的耐受性。此外,石墨烯还具有制备简单、易获得,成本比金属和金属氧化物低等优势。但石墨烯基材料的抗菌性也存在争议。例如,Akhavan 等[5]比较了四种碳基材料:石墨、石墨烯、氧化石墨烯和还原氧化石墨烯对大肠杆菌的抗菌性,观察到 GO 对大肠杆菌显示出最大的抗菌活性。另一项研究 GO 抗菌活性的结果则表明,当在培养基中加入 GO 时,大肠杆菌生长得更快,该现象可以用 GO 刺激细菌增殖的原理来解释,即 GO 提供了细胞附着和生长的表面。以上关于石墨烯基材料作为抗菌剂应用时的矛盾结果引起了更多研究人员对石墨烯抗菌性的密切关注。

近年来,石墨烯和氧化石墨烯纳米颗粒开始被人们尝试应用于外科植入物的表面改性。Pang 等[8]在体内与体外评估了石墨烯和 GO 的生物安全性与抗菌能力。在这项研究中,研究者采用与骨髓间充质干细胞共培养的方式评估了体外石墨烯和 GO 的生物安全性,并通过将材料植入小鼠肌肉组织中,观察它们的体内生物安全性。结果表明,10 μg/mL 是石墨烯和 GO 的安全临界浓度。当浓度大于 10 μg/mL 时,石墨烯和 GO 的细胞毒性呈剂量依赖性。抗菌性的结果表明,当浓度大于等于 100 μg/mL 时,石墨烯具有抗菌能力;当浓度大于等于50 μg/mL时,GO 呈现出抗菌能力。石墨烯和 GO 的抗菌作用在体外呈剂量依赖性,浓度为50～100 μg/mL 时,可能是保持细胞毒性与抗菌性平衡的一个比较好的范围。该研究表明,石墨烯和 GO

在一定的浓度范围内具有良好的生物安全性和抗菌性,具有临床应用的潜力。

　　一般而言,石墨烯的抗菌作用既涉及物理效应,又涉及化学效应。物理效应主要是由其锋利的边缘与细菌的细胞膜直接接触,破坏性地提取出磷脂分子而引起的,也称为"纳米刀理论"。此外,包裹作用和光热消融机制也贯穿其中。化学效应主要是由活性氧或电荷转移诱导细胞产生的氧化应激过程。此外,由于协同作用能提高抗菌效率,石墨烯也常被用作分散、稳定各种纳米材料抗菌剂(如金属纳米颗粒、金属氧化物纳米颗粒、聚合物及其复合材料)的支撑基底材料。

　　本章将综述与抗菌性相关的石墨烯基材料特性、石墨烯基材料的抗菌机理、石墨烯基材料抗菌相关的应用及其抗病毒潜力。

8.2　与抗菌性相关的石墨烯基材料特性

　　石墨烯基材料的抗菌性与纳米薄片的尺寸和浓度、比表面积、表面粗糙度、分散性和厚度、亲水性、功能化等方面有关,并且以上特性有可能单独地或交互地影响石墨烯基材料与细菌细胞之间的相互作用。各性质对细菌细胞活力的影响如图8-1所示,将在以下各小节中详述。

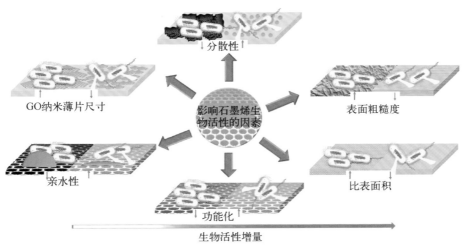

图8-1　与抗菌性相关的石墨烯基材料的部分理化性质[9]

1. 薄片的尺寸和浓度

研究表明石墨烯基材料的抗菌活性受纳米薄片尺寸的影响。对石墨烯基表面涂层来说，较小尺寸的薄片能增强抗菌活性。研究人员通过对石墨烯薄片与细菌细胞膜相互作用的仿真，对这一现象进行了研究，发现尺寸较小的石墨烯薄片更容易破坏细菌膜的磷脂双分子层，当它们破坏细胞膜时会翻转部分磷脂，而尺寸较大的石墨烯薄片会在细胞膜上保持平坦，当薄片的表面积从 $0.65~\mu m^2$ 下降到 $0.01~\mu m^2$ 时，石墨烯表面涂层的抗菌活性提高了 4 倍[10]。较小尺寸的薄片有较好的抗菌效果，另一个原因是其缺陷过密而产生的氧化应激机制。此外，在细胞悬浮液中，由于细胞的包裹机制，GO 薄片会阻碍细菌的生长，在这样的环境下，GO 的抗菌活性随着薄片的横向尺寸的增大而增大，实验表明当薄片的表面尺寸为 $0.65~\mu m^2$，孵化时间为 3 h 时，可完全抑制细菌细胞的生长。当用大肠杆菌细胞评估横向尺寸不同的 GO 薄片的抗菌活性时，观察到相似的相关性[11]。具有更大横向尺寸的 GO 薄片，相比较小尺寸的 GO 表现出强大的瞬时杀菌活性。然而，由于对细菌的包裹行为是可逆的，因此 GO 这里的抗菌效果并不是杀死细菌，更准确的表述应该是抑菌性。石墨烯纳米薄片的尺寸还决定了细菌的内吞和其他一些与尺寸有关的生物学现象[12]。当石墨烯薄片的横向尺寸为 $10~nm \sim 20~\mu m$，或者更大时，这大于一般的细菌细胞尺寸[13]。此外，石墨烯薄片的横向尺寸、层数对其柔性有很大的影响，从而影响和细菌之间的相互作用。总的来说，锋利边缘、小尺寸和粗糙表面的石墨烯薄片相比于大尺寸的、光滑表面的石墨烯薄片更能促进其内化进入细菌细胞[14]。

此外，关于石墨烯基材料的浓度对抗菌活性影响的研究也有很多。当大肠杆菌细胞暴露在不同浓度（$5~\mu g/mL$、$10~\mu g/mL$、$20~\mu g/mL$、$40~\mu g/mL$ 和 $80~\mu g/mL$）的 GO 悬浮液中时，细菌的死亡率随 GO 浓度的增加而增加，当 GO 浓度达到 $80~\mu g/mL$ 时，大肠杆菌的死亡率超过 90%[15]。类似地，当 rGO 悬浮液浓度为 $80~\mu g/mL$ 时，可根除76.8%的大肠杆菌细胞[6]。此外，研究人员进一步研究了石墨烯基材料的浓度（$25 \sim 200~\mu g/mL$）对铜绿假单胞菌抗菌效果的影响[16]，发现当 GO 浓度升高为 $75~\mu g/mL$ 或 rGO 浓度升高为 $100~\mu g/mL$ 时，铜

绿假单胞菌逐渐丧失活力。以上结果表明,80 μg/mL 是 GO 表现显著的抗菌活性(细菌死亡率大于90%)的阈值浓度,rGO 则是 100 μg/mL。

2. 比表面积

纳米材料与细菌的相互作用很大程度上与纳米材料的表面性质有关。小的纳米颗粒(小于 10 nm)通常会暴露出一部分原子表面。对于单层石墨烯,每个 C 原子都位于表面,理论计算得到的石墨烯比表面积可高达 2630 m^2/g[17],这远远高于其他在微生物系统中已经研究过的纳米材料的比表面积。单层 GO 也具有可比拟的比表面积。此外,石墨烯薄片的层数也是一个重要参数,因为该指标决定了抗弯刚度和比表面积,石墨烯薄片的层数越少,其对生物分子的吸收容量越大。

3. 表面粗糙度

材料的表面拓扑结构(粗糙度)是影响材料与细菌细胞相互作用的重要因素,表面形貌特征包括在材料制备过程中表面产生的峰和谷。增加材料的表面粗糙度会使细菌细胞的黏附性增强,大的比表面积、深沟壑形貌都会对细菌细胞有更好的锚定作用。抑制细菌附着的能力的表面和抑菌表面(指表面能有效地根除与之接触的细菌细胞)之间存在差异[18],尽管上述两个表面通常都被归类为有抗菌作用。有些表面的官能团、表面形貌能增强细菌细胞膜的通透性,从而破坏细菌细胞,显示出强大的抗菌作用。通常,这样的官能化表面具有相当大的粗糙度或脊状物,其在接触细菌细胞时可引起细菌细胞壁的破裂[18]。虽然石墨烯薄片的边缘遵循这类机制,但它们的基面在原子水平被看作是平滑的。因此,石墨烯与细菌细胞的相互作用在很大程度上取决于石墨烯基材料与细菌接触的具体位置。

4. 分散性和厚度

当球形纳米颗粒分散在介质中时会倾向于聚集在一起,生成的纳米颗粒团的有效尺寸变大,但仍然可以基本保持有效比表面积不变。它们能够通过球体

表面的任何一个接触点附着到另一个纳米颗粒球体的表面而发生聚集,但当球形纳米颗粒发生溶解、再沉淀时,会导致两球形纳米颗粒的部分融合。相反,薄片材料通常是面与面的堆叠接触,在过滤或离心过程中产生不可逆的聚集,这会导致部分表面积的损失。由于 GO 具有大量亲水官能团,如羟基、羧基,所以其具有良好的分散性和稳定性,这也是 GO 比 rGO 抗菌性更好的原因之一。rGO 纳米薄片是由 GO 纳米薄片还原以后而形成的,相对 GO 纳米薄片,rGO 纳米薄片的尺寸约为 GO 纳米薄片的九倍,因此,rGO 纳米薄片更容易发生聚集,导致 rGO 的抗菌活性降低。为了解石墨烯的厚度(如单层与多层石墨烯)与抗菌性的关系,研究者采用动态模拟的方法,比较了不同层数的石墨烯(指本征石墨烯)纳米薄片与细胞膜中磷脂双分子层之间的相互作用,发现单层和少层的石墨烯纳米薄片竟然可以穿刺入细胞膜的双层结构内,并可在双层结构的中间平行展开[19]。

5. 亲水性

基底表面对细菌细胞的黏附性及其对生物膜的集聚能力都受到基底材料化学性质的影响。GO 薄片具有两亲性,表面某些地方具有亲水性斑点,与水的接触角为 $40^\circ \sim 50^\circ$ [20]。而石墨烯薄片具有疏水表面,与水的接触角约为 90°。通常,由于疏水相互作用,细菌细胞对疏水表面具有更高的亲和力,当然这也取决于被测试的细菌类型。通过使用高分子材料,如聚乙二醇(PEG),可以将石墨烯表面改性至亲水性,该方法是获得抗菌表面的有效途径之一。然而,一些聚合物链在高离子强度下会脱水,导致在这样的表面上抗细菌黏附的效率降低[21]。一般认为,在疏水表面上发生的快速吸附伴随着强的结合力,吸附之后难以发生解吸附,这与遵循可逆/不可逆黏附模型的亲水性表面黏附作用刚好相反。细菌黏附的初始阶段,细菌细胞与基底一般相距几纳米,这个阶段的吸附是易受损害的、可逆的,由于剪切力或者自发解吸附作用,细菌细胞会与基底分离。随后,细菌细胞释放出胞外生物聚合物或与基底聚合物稳定结合,导致黏附过程不可逆,吸附的水被上述桥接聚合物所取代(相隔间距<1 nm),同时伴随着静电斥力的中和作用[22]。在水环境中,细菌的表面黏附通常通过细胞

壁中的疏水基团(非极性表面蛋白)来实现,它们帮助细胞与基底接触,以及选择与细胞相互作用的聚合物。带有不同官能团的聚合物与基底表面发生的相互作用也不同,一般来说,疏水性细菌在疏水表面上的黏附能力通常大于亲水性细菌细胞。

6. 功能化

某些种类的细菌,其细胞黏附性可能与材料表面化学性质有关,因为细菌细胞壁中的酸性/碱性官能团的电离/离子化与表面电荷有关。一般来说,细菌的细胞壁在 pH 为中性的悬浮液中具有负电荷。但是,不同种类的细菌具有不同的电荷水平,且受多个因素(如培养时长、培养基的营养、离子强度、细胞的表面结构与环境 pH)的影响。最近新研发出了几种表面改性(或表面处理)石墨烯的方法,以获得可调节电荷的材料表面,这些技术包括功能化、衍生化和表面聚合,以上方法均为采用化学法来改变材料的表面性质。GO 薄片的表面具有某些疏水性区域或者某些亲水性的区域,且 GO 薄片的边缘含有负电荷与羧基,使得其表面可形成氢键或与金属离子发生络合反应[23]。相反,疏水性的石墨烯薄片表面只有缺陷位点或边缘能够发生生化反应。rGO 由于其在制备过程中的除氧环节会引入缺陷点,使其自然地具有反应活性。

8.3 石墨烯基材料的抗菌机理

8.3.1 通用机制

细菌细胞与石墨烯基材料接触一段时间后,最终都会被损坏。一般来说有以下三种损坏细菌细胞的机制:细胞膜应力、氧化应激和包裹隔离[24]。这些机制可以单独作用或者协同作用来杀菌或抑制细菌的生长,以达到抗菌的效果。石墨烯基材料的三种常见抗菌机制如图 8-2 所示,下文将具体阐述。

图8-2 石墨烯基
材料常见的抗菌
机制[9]

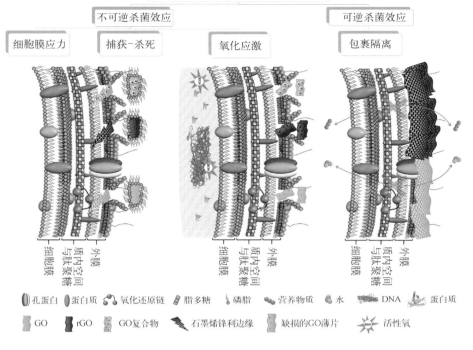

（1）细胞膜应力

通过目前已知的碳纳米管和富勒烯的生物效应，可知细胞受损的原因为细胞膜受到破坏。大肠杆菌细胞与rGO或GO分散液接触一段时间后，细胞膜的完整性会被破坏，这表明细菌细胞在与石墨烯基材料直接接触后发生了不可逆的损伤。

研究者对细胞膜应力机制做出了一种新解释，认为造成细胞损伤的原因是大肠杆菌细胞膜内的磷脂（图8-2）被提取出来了。他们通过进一步的实验证明了提取过程，利用透射电子显微镜（Transmission Electron Microscopy，TEM）观察暴露在GO薄片上的大肠杆菌细胞。细菌细胞最初与GO薄片接触时，表现出对材料的耐受性。之后，一些细胞表面的磷脂密度变低，细胞膜部分受损。最后，细胞膜受到严重的破坏，甚至有一些细胞质完全流失。以上的破坏流程得到了分子动力学模拟的证实，并获得了更详细的破坏机制：石墨烯基纳米薄片在最初时是振动模式；之后是插入模式，凭借细胞膜的脂质层和疏水界面间的范德瓦耳斯力，纳米薄片的边缘穿过细胞膜；最后是提取模式，纳米薄片能强力提取出

细胞膜表面脂质层里的磷脂。

这些研究结果表明,石墨烯基材料的插入和对细胞膜表面脂质层里的磷脂的提取,在细胞膜中引入了应力,从而降低了细胞的存活能力[25]。对细胞膜的脂质双分子层破坏力最大的是那些未氧化的、比表面积较大的石墨烯纳米薄片,因为石墨烯纳米薄片是通过其边缘接触脂质双分子层而刺入的。这些石墨烯纳米薄片的锋利边缘可自发地刺入细胞膜,这使得刺入细菌细胞膜内所需跨越的能量势垒减少。在细菌细胞与石墨烯基材料边缘的接触过程中,边缘还可以作为电子受体,与细菌细胞中的负电荷发生电荷转移,也有助于细菌细胞膜被刺穿。相比之下,GO薄片的亲水性导致GO薄片大多黏附在细胞膜表面,而非刺穿磷脂双分子层。rGO薄片对细胞膜的破坏程度高于GO纳米薄片,这是由于rGO薄片具有锐利边缘和更好的电荷传导性,因而rGO薄片对细菌细胞的破坏性更强。

此外,研究者也通过研究细菌细胞在接触纳米薄片后的细胞质的泄漏情况,来评估石墨烯纳米薄片对细菌细胞膜的破坏作用。比如通过量化RNA浓度,研究者发现当细菌细胞与GO或rGO纳米薄片接触时,溶液中的RNA浓度相比空白对照组更高。并且,GO或rGO纳米薄片的锋利边缘对不同的细菌的作用效果也不一样。比如,它对革兰氏阳性细菌的细胞膜损伤更大,而革兰氏阴性菌的外部膜仍然能保持完整[5]。对于另一些细菌细胞,例如铜绿假单胞菌,其具有四层细胞膜,细胞外膜表面是由强烈交联的脂多糖形成的,这就导致其对亲水性溶质的吸收能力低,对多种抗菌剂产生耐药性[26]。

rGO-Ag复合材料的杀菌作用,可以描述为"捕获-杀死"机制。Ag纳米颗粒被负载到rGO的表面,这个负载可以有效防止Ag纳米颗粒的聚集。因为rGO可以作为表面带负电的封端剂高分子来使用,细菌细胞被吸附到rGO表面,即rGO起了捕获细菌细胞的作用,这个捕获有助于细菌和Ag纳米颗粒的接触,Ag纳米颗粒起了抑菌生长的作用。

(2)氧化应激

氧化应激是另一种石墨烯基材料与细菌相互作用的物理化学机制,也是抗菌活性的一个重要方面。氧化应激在GO抗菌行为中起到重要作用,氧化应激

与 ROS 的生成是细胞在防御时的主要机制。氧化应激会使细菌的核酸、蛋白质和脂质被氧化,最终破坏细菌细胞膜、抑制细菌细胞的生长[10]。这种抑制作用在产生 ROS 时发生,并且该效应也会改变细胞的氧化还原状态。纳米颗粒可通过干扰细胞内氧化剂和抗氧化剂之间的平衡过程,干扰细菌的抗氧化防御反应,从而达到促进氧化应激的作用。ROS 通常包括羟基自由基(HO·)、过氧化氢(H_2O_2)和超氧阴离子基(O_2^-),它们均能破坏细胞内的主要成分,尤其是 DNA 和蛋白质[27]。研究发现,细菌细胞的 DNA 在与 GO 接触 24 h 后,DNA 发生了不可逆的破坏,证实了 GO 引起的氧化应激。然而在 rGO 与细菌细胞 DNA 的同等时间的接触实验中,没有观察到同样的破坏效果[16]。这表明为使 DNA 破碎,细菌细胞与 rGO 需要接触更久,或 rGO 对细菌细胞的杀死机制与 GO 不同。

小尺寸的 GO 纳米薄片由于具有更大的缺陷密度,其氧化能力会更强。GO 纳米薄片与细菌细胞膜的相互接触过程中,脂质的过氧化是在细菌与 GO 薄片接触过程中发生氧化应激的主要原因。脂质过氧化会发生连锁反应,首先脂质分子被 ROS 氧化,随后形成脂质过氧化自由基,最后氧化破坏细菌细胞膜。

(3) 包裹隔离

石墨烯能包裹细菌细胞的表面,使得细胞与其赖以生存的培养基分离,细菌细胞膜的渗透通路被阻塞,因此它们无法获取营养物质进行生长,最终导致细胞死亡。尽管与石墨烯相比,GO 会渗透一部分营养物质,但是 GO 纳米薄片可以隔离细菌细胞(图 8 - 2)。例如,小尺寸的 GO 纳米薄片可以单独包裹大肠杆菌,大尺寸的 GO 薄片可以通过包裹多个大肠杆菌细胞而使它们发生聚集[6]。分子动力学模拟发现小尺寸的石墨烯薄片(约 5.9 nm×6.2 nm)就能阻塞细菌细胞膜的磷脂双分子层[28],但是一小部分石墨烯纳米薄片也会发生细菌细胞内化。然而,GO 对细菌细胞的包裹抑制作用是可逆的,用超声分离等技术使细菌与 GO 纳米薄片分离后,细胞便会恢复正常[10]。rGO 与 GO 不同的抗菌活性表明石墨烯基材料的分散和团聚对抗菌性有重要的影响[6]。

8.3.2　石墨烯基材料分散液与石墨烯基薄膜的抗菌机制

当 GO 纳米薄片以固定化的方式修饰在电极表面和作为 GO 分散液时，与细菌相互作用的方式是不同的。细菌细胞在 GO 纳米薄片分散液中的失活是可逆的，这表明 GO 纳米薄片分散液在与细菌细胞相互作用时，不会像 GO 表面涂层那样抑制细菌细胞的生长[10]。GO 表面涂层杀死细菌细胞的原理一般是使细胞膜的磷脂被提取，或 GO 纳米薄片的刺入导致细胞膜被破坏，即 GO 纳米薄片与细胞膜垂直时薄片边缘对细菌的细胞膜进行切割[29]。而在分散液中，细菌和 GO 的相互作用会导致大量存活的细菌细胞的聚集，这种聚集在一定程度上减弱了 GO 纳米薄片对细菌的切割[30]。当外力使细菌-GO 相互作用消除，细菌从聚集状态解离时，细菌仍能保持活性。当 GO 纳米薄片以固定化的方式修饰在电极表面时，与 GO 薄片边缘正交切割接触的细菌细胞被杀死，与基底平面接触的细菌细胞存活。

接下来，研究者进一步比较了 GO 纳米薄片的表面和薄片的边缘的抗菌性的不同[30, 31]。当纳米薄片平铺于细胞表面时，细菌细胞与薄片边缘只有轻微接触，GO 纳米薄片仍有抑制细菌的效果[31]。该结果表明细胞与纳米薄片边缘的接触作用，以及纳米薄片直接刺入细胞膜内，对 GO 的抗菌性来说并非是必要条件。但是，相比于与薄片有接触的细菌，与 GO 纳米薄片不直接接触的浮游细菌细胞的活性没有受到影响，说明 GO 纳米薄片和细菌细胞的直接接触是 GO 发挥高效的抗菌性所必需的[6]。GO 纳米薄片对细胞的破坏性随着薄片修饰在电极表面上的具体情况(取向、聚集等)的不同而不同。垂直于表面的 rGO 和 GO 纳米薄片因为有利于锋利边缘与细菌细胞的接触，抑菌效果更好。

8.4　石墨烯基材料抗菌相关的应用

目前为止，除了纳米金刚石可用于牙填充物抗菌以外，还没有关于碳纳米材

料用于抗菌的临床试验的记录[32]。目前石墨烯基材料的抗菌应用主要集中于基础研究,很少涉及临床前试验。因此,在讨论临床前研究结果之前,我们首先介绍石墨烯基材料在抗菌中的一些概念验证性的研究。

8.4.1 石墨烯基抗菌材料的应用模式

作为一个新兴研究领域,目前关于石墨烯基材料抗菌性的概念验证性的研究,根据其预期的使用方式,大致可分为以下四类[32]:(1)抗菌胶体;(2)接触型杀菌表面;(3)释放型杀菌表面;(4)光激活灭菌剂(即光热/光动力灭菌)。石墨烯基材料的抗菌胶体可单独使用石墨烯,或以石墨烯杂化混合物的形式,形成稳定的表面活性剂/聚合物体系。仅含有石墨烯的抗菌胶体体系十分简单,即仅有石墨烯作为唯一的活性成分。石墨烯杂化混合物通常是比较复杂的材料,例如银纳米颗粒-石墨烯材料杂化物。通过在石墨烯表面原位生长银纳米颗粒(Silver Nanoparticle,AgNP)可以得到该材料,为了进一步提高该杂化物的分散质量,研究者在配方中使用了聚合剂。AgNP 会释放出微量的银离子,石墨烯起到了银离子释放平台的作用,这样接触型杀菌和释放型杀菌行为同时发生,因此该材料具有优越的抗菌性能。除了 AgNP 与石墨烯基材料的杂化物外,研究者们也研究出了几种其他的杂化混合物,包括 rGO 与季磷盐、碘和抗生素的混合物等。

将上述石墨烯基的抗菌胶体沉积在样品表面以后,所产生的表面能通过接触或接触与释放协同作用的方式灭菌。对石墨烯基材料的抗菌活性的早期研究就是从 GO 和 rGO 的涂层表面开展的,值得一提的是,这些石墨烯基涂层的表面形貌通常存在显著差异。Kumar 等利用电泳沉积法在不锈钢基底上沉积了几乎垂直排列的 GO 或 rGO,并且他们用与碳纳米管锐边直接接触并破坏细菌膜原理相似的机制解释了其抗菌活性[24]。Hu 等利用真空过滤法制备出由 GO 和 rGO 薄片组成的薄膜,GO 和 rGO 薄片取向与该薄膜表面平行,该薄膜也表现出了明显的抗菌活性。以上结果表明,无论是垂直方向排列,还是平行方向排列的薄片组成的石墨烯基薄膜,均表现出良好的抗菌活性,这也佐证了抗菌机制并不局限于物理刺穿。也有研究发现,垂直排列的和起皱的石墨烯基材料表面比水平排列表现出更高

的抗菌活性。Elimelech 等将 GO 薄片嵌入聚合物前体基质（甲基丙烯酸羟乙酯，2-Hydroxyethyl Methacrylate，HEMA）中，再通过施加磁场使嵌入的 GO 薄片随机、垂直或水平对齐排列。最后，在紫外线照射下 HEMA 发生聚合交联，通过紫外线/臭氧刻蚀后暴露出 GO（图 8-3）。他们发现暴露于垂直排列 GO 表面的细菌的细胞膜受到了更为严重的破坏，该发现强调了表面形貌控制的重要性。一些研究证明了使用石墨烯-聚合物纳米复合物可用于生产抗菌涂层[32, 33]。在大多

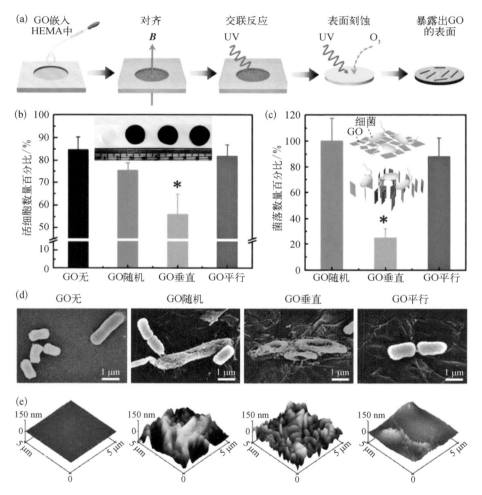

图 8-3　石墨烯基纳米复合薄膜中 GO 排列方式对抗菌性的影响[32]

（a）纳米复合材料制备流程示意图；（b）无 GO 基底和不同 GO 排列方式的基底的活细胞存活结果；（c）不同 GO 排列方式的基底的菌落数量结果；（d）大肠杆菌细胞在无 GO 基底和不同 GO 排列方式的基底上的 SEM 图像；（e）（从左至右，与 d 图对应）基于 AFM 的无 GO 基底和不同 GO 排列方式的基底的表面形貌对比

数的这类石墨烯-聚合物纳米复合物中,石墨烯通常以随机取向的形式存在。

8.4.2　石墨烯基伤口敷料

织物或水凝胶形式的石墨烯基纳米复合材料可用作伤口敷料。Fan 等[34]采用直接吸附法、辐射交联法和化学交联法制备了 GO 基仿生棉布,该复合材料具有优良的抗菌活性、良好的耐洗涤性以及极小的皮肤刺激性,即使洗涤 100 次后对细菌的灭活度仍然大于 90%,且其具有柔软、可折叠、可重复使用等优点,适合多种潜在的抗菌应用场景。Karimi 等[35]用 GO-TiO$_2$纳米复合材料制备得到了多功能纤维素织物,该织物表面的石墨烯能显著提高其导电性和自清洁性,此外,该织物还具有优良的抗菌性,且对人成纤维细胞无细胞毒性。Lu 等[29]将制备的含石墨烯的壳聚糖-聚乙烯醇纳米纤维用于伤口愈合。Deepachitra 等[36]在胶原-纤维蛋白复合膜中掺入 GO,用作伤口敷料,可以促进伤口创面的愈合。He 等[37]在海藻酸钠纤维中掺入 GO 以增强其强度,该复合膜可以溶胀形成水凝胶纤维,进而纺成伤口敷料。Fan 等[38]在聚合物水凝胶中交联 GO-Ag 复合材料制备出一种新型伤口敷料,其表现出优良的抗菌活性且可加速伤口的愈合(图 8-4),这种

图 8-4　GO-Ag 复合材料水凝胶作为新型伤口敷料的示意图[38]

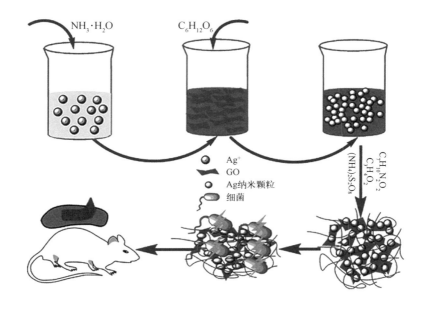

水凝胶还具有良好的保水能力、生物相容性和延展性,这些都是伤口护理所必须具备的性质。Ju 等[39]基于石墨烯和低浓度的H_2O_2,制备了一种抑菌性能优异的创可贴。石墨烯具有类似过氧化物酶的活性,可以催化 H_2O_2分解为具有较高抗菌活性的羟基自由基,从而避免了高浓度H_2O_2用作伤口消毒液时的毒性[40]。

8.4.3 石墨烯基组织工程支架材料

石墨烯基纳米复合材料的抗菌性有利于哺乳动物细胞的生长,适合用作组织工程支架材料。Mangadlao 等[31]制备的氧化石墨烯-壳聚糖可用作干细胞增殖的抗菌支架。Faghihi 等[41]在聚丙烯酸/明胶复合水凝胶中加入 GO 纳米薄片作为增强剂,获得了具有优良机械性质的组织工程支架。Si 等[42]在细菌纤维素的培养基中加入 GO,制得 GO-细菌纤维素水凝胶,GO 的加入显著提高了该复合水凝胶的拉伸强度和杨氏模量,使其可以作为一种很有前途的组织工程支架材料。

8.4.4 石墨烯基抗菌包装材料

石墨烯纳米片可以制成高阻隔性和耐热性的纳米复合材料,阻隔水蒸气、氧气和CO_2的迁移,以用于抗菌包装领域。Yadav 等[43]通过氮宾反应制备得到壳聚糖-聚合物功能化的石墨烯薄膜,由于石墨烯均匀分布在壳聚糖基体内,且与壳聚糖之间形成了较强的界面结合,因而该复合材料的导电性和力学性能显著提高。其他类型的薄膜材料,如石墨烯-银纳米线复合材料和氧化石墨烯-聚乙烯咔唑纳米复合材料[33],也常被用作抗菌包装材料。

8.4.5 石墨烯基抗菌药物递送载体材料

由于具有良好的表面化学性质、超大的比表面积、能够刺入细胞膜等特点,石墨烯已被广泛用作一种有效递送药物(包括抗生素等)的纳米载体。Gao 等[44]

成功制备了具有良好生物相容性的 GO‐改性聚癸二酸酐(Polysebacic Polyanhydride, PSPA)复合物,并研究了其对抗菌药物左氧氟沙星的药物释放动力学。发现与纯 PSPA 相比,GO‐PSPA 复合材料的药物有效释放时间显著增加。2% GO 修饰的 PSPA 呈现出几乎理想的线性释放行为——延长释放时间长至 80 天,有效释药率大于 95%。Pandey 等[45]研究了甲醇衍生石墨烯纳米薄片对硫酸庆大霉素的控制释放行为(图 8‐5),发现药物扩散符合 Korsmeyer-Peppas 模型。此外,该纳米复合材料可作为单一药物用于治疗各种局部的细菌感染,由于其作用时间较长,因此有利于患者的接受性。Wang 等[46]制备了 GO‐青霉素阴离子插层-镁铝层状-双羟基复合膜、GO‐青霉素-层状双氢氧化物复合膜,并研究了青霉素阴离子的释放行为及其抗菌活性。发现复合膜大大延长了青霉素阴离子的释放时间,释放符合一级动力学方程。与单一的 GO 薄膜相比,所制备的纳米复合材料还显示出增强的协同抗菌作用。Li 等[47]制备出 GO‐巴洛沙星纳米复合材料,并研究了巴洛沙星的载药和释药行为。由于氢键的作用,该纳米复合材料的药物释放时间较长,且对大肠杆菌有良好的抗菌效果。Ghadim 等[48]系统地研究了在不同 pH、温度、吸附时间下,GO 对四环素的吸附

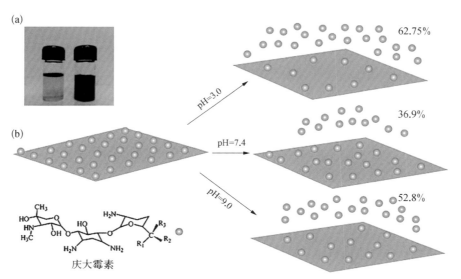

(a)甲醇衍生石墨烯纳米薄片溶液的照片:(左)纳米薄片未分散在水中和(右)纳米薄片与药物结合后分散在水中;(b)不同 pH 下,甲醇衍生石墨烯纳米薄片对硫酸庆大霉素的有效释药率不同[45]

行为。Xiao 等[49]制备了羧基化的石墨烯-β-环糊精/醋酸洗必泰复合物,该复合物具有良好的血液相容性和抗菌活性。Wang 等[50]制备出 GO-PSA 复合材料可用于控制盐酸洛美沙星的释放,在 30 天内,该复合材料显示出良好的零阶有效释放。洛美沙星的释放是通过其与 GO 的强 π-π 堆叠和氢键的相互作用来控制的,其释放速率可以通过 GO 的含量来控制。Wu 等[51]报道了短杆菌肽(Gramicidin,GD)修饰的氧化石墨烯(GO-GD)具有抗不同细菌菌株的活性,GO 可以通过物理作用吸附 GD,GO-GD 的抗菌活性比 GO 和 GD 更强。

8.4.6 石墨烯基净水滤膜材料

石墨烯基材料抗菌性的另一个重要应用是净化水。Kumar 等[52]制备了 rGO-Ag 纳米复合物修饰的多孔泡沫炭电极用于净化水,该抗菌装置的最小功耗为 1.5 V,可用于快速净化饮用水。Cai 等[53]在 rGO 上制备出 AgNP 和 Ag@C,并将它们用作电容去离子过程中的电极,利用其将海水淡化成饮用水。Ray 等[54]制备了一种乳链菌肽抗菌肽偶联的三维多孔 GO 膜,其可用于有效分离和灭活水中的耐甲氧西林金黄色葡萄球菌病原体。基于石墨烯的纳米改性薄膜过滤器,由于其抗菌性增强,因此还可用于水处理。超支化聚乙烯亚胺(Hyperbranched Polyethylenimine,HPEI)-氧化石墨烯(GO)/聚醚砜(Polyethersulfone,PES)复合超滤膜是采用经典的相位反转方法,通过将 HPEI 修饰的 GO 分散在 PES 铸膜液中来制备的。该复合超滤膜表现出优异的机械性能和良好的抗菌性,在水净化、分离蛋白质和肽等领域具有潜在应用价值。Mural 等[55]通过选择性地刻蚀二元共混物中的一个相,制成了用于净化水的多孔膜,再经 rGO-Ag 修饰,得到的薄膜对大肠杆菌表现出增强的协同杀菌作用。Ruiz 等[56]用 GO 纳米材料作为过滤介质来清除燃料中的细菌。GO 和 GO-Ag 能够有效地捕获和杀灭细菌,同时允许燃料的自由流动。Wang 等[57]以琼脂糖为交联剂和稳定剂,制备了石墨烯-琼脂糖水凝胶,该水凝胶具有良好的抗菌能力,并已成功制备成凝胶柱,其可用于小规模水的净化。最近,有研究者通过简单的水热反应,制备得到了一种由分散的 AgNP 和多孔 rGO 网状物组成的 rGO-Ag 水凝胶抗菌材料,该材料可

石墨烯生物技术

用于终端水过滤杀菌(图 8-6)。rGO 网状物作为 AgNP 的载体,可促进多孔水凝胶的形成,由 rGO-Ag 水凝胶制成的滤菌器对大肠杆菌的杀灭效果良好。此外,因为 rGO 对 Ag 的隔离作用,纯化后的水中银含量比饮用水中的标准银含量要低得多。

图 8-6 用于终端水过滤杀菌的 rGO-Ag 水凝胶的制备和应用示意图[58]

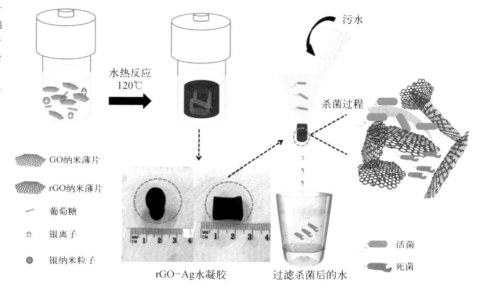

水热反应 120℃

污水

杀菌过程

GO 纳米薄片

rGO 纳米薄片

葡萄糖

银离子

银纳米粒子

rGO-Ag 水凝胶

过滤杀菌后的水

活菌

死菌

8.5　石墨烯基材料的抗病毒潜力

对一些病毒,如伪狂犬病毒(Pseudorabies Virus,PRV)和猪流行性腹泻病毒(Porcine Epidemic Diarrhea Virus,PEDV),尽管目前已有一些弱毒疫苗和灭活疫苗问世,但由于新的病毒品系的生成,此类病毒感染的情况仍然经常出现。目前对很多病毒,仍然缺乏有效的特异性抗病毒剂。石墨烯基材料具有超大的比表面积和独特的物理化学特性,使其有望应用于抗病毒剂中。

2012 年以来,研究者们对石墨烯基材料的抗病毒性能十分感兴趣。Sametband 等[59]观察到部分磺化的还原氧化石墨烯(rGO-SO₃)与氧化石墨烯

在低浓度时,可通过细胞黏附作用抑制单纯疱疹病毒(HSV‐1)的感染。这两种材料都带有负电荷的基团,如磺基和羧基,这些负电荷基团可以与细胞表面的硫酸乙酰肝素(Heparan Sulfate,HS)竞争结合 HSV‐1,从而起到抗病毒的作用。Akhavan 等[60]发现将石墨烯-氧化钨复合薄膜在可见光照射下对病毒有光抑制作用。类似地,Hu 等[61]利用目标识别适配子和光敏 GO 合成了一种新型光催化剂 GO 功能适配子,这种光催化剂可以在光照下破坏病毒的蛋白质衣壳和核酸,导致蛋白质的羰基化、核酸碱基(特别是鸟嘌呤核苷)的氧化,以及 GO 的还原,从而起到抑制病毒的作用。此外,还有研究者利用 GO 基材料对脱氧核酶胞内物质转运方面的干扰作用,发展抗病毒剂,比如靶向作用于丙型肝炎病毒的mRNA 上,以阻断 HCV 基因的复制[62]。

rGO 和 GO 的有效抗病毒能力来源于其独特的单层结构和所带的负电荷,石墨和氧化石墨抗病毒活性相对较弱,这表明纳米薄片结构对抗病毒能力至关重要。此外,GO 在进入病毒结构之前还会通过机械破坏的作用来抑制病毒。然而,石墨烯基材料对不同类型病毒的潜在灭活作用,以及它们影响病毒的作用模式至今还未被研究清楚。

8.6　总结与展望

本章系统介绍了石墨烯基材料在抗菌和抗病毒方面的最新研究,涵盖了材料的抗菌特性、抗病毒特性、抗菌机制,以及材料在生物医学中的应用等方面。随着人们对石墨烯研究的不断深入以及制备方法的改进,各种不同来源的石墨烯材料在抗菌领域逐渐显示出了巨大优势,石墨烯基材料正迅速成为一类新型的广义抗菌剂。但需要指出的是,与其他生物医学应用一样,石墨烯材料的生物安全性和毒性,对其抗菌和抗病毒的应用来说至关重要。未来的研究需要谨慎评估各种来源的石墨烯材料在细胞、组织、器官,以及全身水平的毒性。另外,全面阐述石墨烯基材料的抗病毒机制,对其将来可能的临床应用也至关重要。

参考文献

[1] Rizzello L，Pompa P P. Nanosilver-based antibacterial drugs and devices：Mechanisms，methodological drawbacks，and guidelines[J]. Chemical Society Reviews，2014，43(5)：1501 – 1518.

[2] Schipper M L，Nakayama-Ratchford N，Davis C R，et al. A pilot toxicology study of single-walled carbon nanotubes in a small sample of mice [J]. Nature Nanotechnology，2008，3(4)：216 – 221.

[3] Kumar A，Vemula P K，Ajayan P M，et al. Silver-nanoparticle-embedded antimicrobial paints based on vegetable oil[J]. Nature Materials，2008，7(3)：236 – 241.

[4] Wei C，Lin W Y，Zainal Z，et al. Bactericidal activity of TiO_2 photocatalyst in aqueous media：Toward a solar-assisted water disinfection system [J]. Environmental Science & Technology，1994，28(5)：934 – 938.

[5] Akhavan O，Ghaderi E. Toxicity of graphene and graphene oxide nanowalls against bacteria[J]. ACS Nano，2010，4(10)：5731 – 5736.

[6] Liu S B，Zeng T H，Hofmann M，et al. Antibacterial activity of graphite，graphite oxide，graphene oxide，and reduced graphene oxide：Membrane and oxidative stress[J]. ACS Nano，2011，5(9)：6971 – 6980.

[7] Chen J N，Wang X P，Han H Y. A new function of graphene oxide emerges：Inactivating phytopathogenic bacterium *Xanthomonas oryzae* pv. *oryzae* [J]. Journal of Nanoparticle Research，2013，15(5)：1 – 14.

[8] Pang L，Dai C Q，Bi L，et al. Biosafety and antibacterial ability of graphene and graphene oxide *in vitro* and *in vivo*[J]. Nanoscale Research Letters，2017，12(1)：564.

[9] Hegab H M，Elmekawy A，Zou L，et al. The controversial antibacterial activity of graphene-based materials[J]. Carbon，2016，15：362 – 376.

[10] Perreault F，de Faria A F，Nejati S，et al. Antimicrobial properties of graphene oxide nanosheets：Why size matters[J]. ACS Nano，2015，9(7)：7226 – 7236.

[11] Liu S B，Hu M，Zeng T H，et al. Lateral dimension-dependent antibacterial activity of graphene oxide sheets[J]. Langmuir，2012，28(33)：12364 – 12372.

[12] Yue H，Wei W，Yue Z G，et al. The role of the lateral dimension of graphene oxide in the regulation of cellular responses[J]. Biomaterials，2012，33(16)：4013 –4021.

[13] Gurunathan S，Han J W，Kim J H. Green chemistry approach for the synthesis of biocompatible graphene[J]. International Journal of Nanomedicine，2013，8：

2719 – 2732.

[14] Li Y F, Yuan H Y, von dem Bussche A, et al. Graphene microsheets enter cells through spontaneous membrane penetration at edge asperities and corner sites[J]. Proceedings of the National Academy of Sciences of the United States of America, 2013, 110(30): 12295 – 12300.

[15] Hu W B, Peng C, Luo W J, et al. Graphene-based antibacterial paper[J]. ACS Nano, 2010, 4(7): 4317 – 4323.

[16] Gurunathan S, Han J W, Dayem A A, et al. Oxidative stress-mediated antibacterial activity of graphene oxide and reduced graphene oxide in *Pseudomonas aeruginosa* [J]. International Journal of Nanomedicine, 2012, 7: 5901 – 5914.

[17] Rao C, Subrahmanyam K S, Matte H R, et al. Graphene: Synthesis, Functionalization and Properties[J]. Modern Physics Letters B, 2011, 25 (7): 427 – 451.

[18] Ivanova E P, Hasan J, Webb H K, et al. Natural bactericidal surfaces: Mechanical rupture of *Pseudomonas aeruginosa* cells by *Cicada* wings[J]. Small, 2012, 8(16): 2489 – 2494.

[19] Wang J L, Wei Y J, Shi X H, et al. Cellular entry of graphene nanosheets: the role of thickness, oxidation and surface adsorption[J]. RSC Advances, 2013, 3 (36): 15776 – 15782.

[20] Hasan S A, Rigueur J L, Harl R R, et al. Transferable graphene oxide films with tunable microstructures[J]. ACS Nano, 2010, 4(12): 7367 – 7372.

[21] Liu G, Chen Y, Zhang G, et al. Protein resistance of (ethylene oxide) n monolayers at the air/water interface: Effects of packing density and chain length [J]. Physical Chemistry Chemical Physics, 2007, 9(46): 6073 – 6082.

[22] Notley S M, Crawford R J, Ivanova E P. Bacterial Interaction with Graphene Particles and Surfaces[J]. Electoral Studies, 2013, 25(2): 351 – 368.

[23] Yang S T, Chang Y, Wang H, et al. Folding/aggregation of graphene oxide and its application in Cu^{2+} removal[J]. Journal of Colloid and Interface Science, 2010, 351(1): 122 – 127.

[24] Kumar P, Huo P, Zhang R, et al. Antibacterial Properties of Graphene-Based Nanomaterials[J]. Nanomaterials, 2019, 9(5): 737.

[25] Tu Y S, Lv M, Xiu P, et al. Destructive extraction of phospholipids from *Escherichia coli* membranes by graphene nanosheets[J]. Nature Nanotechnology, 2013, 8(8): 594 – 601.

[26] Lim H, Huang N, Loo C. Facile preparation of graphene-based chitosan films: Enhanced thermal, mechanical and antibacterial properties[J]. Journal of Non-Crystalline Solids, 2012, 358(3): 525 – 530.

[27] Park E J, Choi J, Park Y K, et al. Oxidative stress induced by cerium oxide nanoparticles in cultured BEAS – 2B cells[J]. Toxicology, 2008, 245 (1/2):

90 - 100.

[28] Titov A V, Král P, Pearson R. Sandwiched graphene-membrane superstructures [J]. ACS Nano, 2010, 4(1): 229 - 234.

[29] Lu B G, Li T, Zhao H T, et al. Graphene-based composite materials beneficial to wound healing[J]. Nanoscale, 2012, 4(9): 2978 - 2982.

[30] Hui L W, Piao J G, Auletta J, et al. Availability of the basal planes of graphene oxide determines whether it is antibacterial [J]. ACS Applied Materials & Interfaces, 2014, 6(15): 13183 - 13190.

[31] Mangadlao J D, Santos C M, Felipe M J, et al. On the antibacterial mechanism of graphene oxide (GO) Langmuir-Blodgett films[J]. Chemical Communications, 2015, 51(14): 2886 - 2889.

[32] Karahan H E, Wiraja C, Xu C J, et al. Graphene materials in antimicrobial nanomedicine: Current status and future perspectives[J]. Advanced Healthcare Materials, 2018, 7(13): e1701406.

[33] Santos C M, Tria M C, Vergara R A, et al. Antimicrobial graphene polymer (PVK-GO) nanocomposite films[J]. Chemical Communications, 2011, 47(31): 8892 - 8894.

[34] Zhao J M, Deng B, Lv M, et al. Graphene oxide-based antibacterial cotton fabrics [J]. Advanced Healthcare Materials, 2013, 2(9): 1259 - 1266.

[35] Karimi L, Yazdanshenas M E, Khajavi R, et al. Using graphene/TiO$_2$ nanocomposite as a new route for preparation of electroconductive, self-cleaning, antibacterial and antifungal cotton fabric without toxicity[J]. Cellulose, 2014, 21 (5): 3813 - 3827.

[36] Deepachitra R, Ramnath V, Sastry T. Graphene oxide incorporated collagen-fibrin biofilm as a wound dressing material[J]. RSC Advances, 2014, 4(107): 62717 - 62727.

[37] He Y, Zhang N, Gong Q, et al. Alginate/graphene oxide fibers with enhanced mechanical strength prepared by wet spinning[J]. Carbohydrate Polymers, 2012, 88(3): 1100 - 1108.

[38] Fan Z, Liu B, Wang J, et al. A novel wound dressing based on Ag/graphene polymer hydrogel: effectively kill bacteria and accelerate wound healing [J]. Advanced Functional Materials, 2014, 24(25): 3933 - 3943.

[39] Ji H W, Sun H J, Qu X G. Antibacterial applications of graphene-based nanomaterials: Recent achievements and challenges[J]. Advanced Drug Delivery Reviews, 2016, 105(Pt B): 176 - 189.

[40] Sun H J, Gao N, Dong K, et al. Graphene quantum dots-band-aids used for wound disinfection[J]. ACS Nano, 2014, 8(6): 6202 - 6210.

[41] Faghihi S, Gheysour M, Karimi A, et al. Fabrication and mechanical characterization of graphene oxide-reinforced poly (acrylic acid)/gelatin composite hydrogels[J]. Journal of Applied Physics, 2014, 115(8): 083513.

[42] Si H, Luo H, Xiong G, et al. One-step *in situ* biosynthesis of graphene oxide-bacterial cellulose nanocomposite hydrogels [J]. Macromolecular Rapid Communications, 2014, 35(19): 1706 - 1711.

[43] Yadav S K, Jung Y C, Kim J H, et al. Mechanically robust, electrically conductive biocomposite films using antimicrobial chitosan-functionalized graphenes[J]. Particle and Particle Systems Characterization, 2013, 30 (8): 721 - 727.

[44] Gao J, Bao F, Feng L, et al. Functionalized graphene oxide modified polysebacic anhydride as drug carrier for levofloxacin controlled release[J]. RSC Advances, 2011, 1(9): 1737 - 1744.

[45] Pandey H, Parashar V, Parashar R, et al. Controlled drug release characteristics and enhanced antibacterial effect of graphene nanosheets containing gentamicin sulfate[J]. Nanoscale, 2011, 3(10): 4104 - 4108.

[46] Wang Y, Zhang D, Bao Q, et al. Controlled drug release characteristics and enhanced antibacterial effect of graphene oxide-drug intercalated layered double hydroxide hybrid films[J]. Journal of Materials Chemistry, 2012, 22(43): 23106 - 23113.

[47] Li F Q, Yang C X, Liu B, et al. Properties of a graphene oxide-balofloxacin composite and its effect on bacteriostasis[J]. Analytical Letters, 2013, 46(14): 2279 - 2289.

[48] Ghadim E E, Manouchehri F, Soleimani G, et al. Adsorption properties of tetracycline onto graphene oxide: equilibrium, kinetic and thermodynamic studies [J]. PLoS One, 2013, 8(11): e79254.

[49] Xiao Y, Fan Y, Wang W, et al. Novel GO - COO - β - CD/CA inclusion: Its blood compatibility, antibacterial property and drug delivery[J]. Drug Delivery, 2014, 21(5): 362 - 369.

[50] Wang T, Zhang Z, Gao J, et al. Synthesis of graphene oxide modified poly (sebacic anhydride) hybrid materials for controlled release applications [J]. International Journal of Polymeric Materials and Polymeric Biomaterials, 2014, 63 (14): 726 - 732.

[51] Abdelhamid H N, Khan M S, Wu H-F. Graphene oxide as a nanocarrier for gramicidin (GOGD) for high antibacterial performance[J]. RSC Advances, 2014, 4(91): 50035 - 50046.

[52] Kumar S, Ghosh S, Munichandraiah N, et al. 1. 5 V battery driven reduced graphene oxide-silver nanostructure coated carbon foam (rGO - Ag - CF) for the purification of drinking water[J]. Nanotechnology, 2013, 24(23): 235101.

[53] Cai P F, Su C J, Chang W T, et al. Capacitive deionization of seawater effected by nano Ag and Ag@C on graphene[J]. Marine Pollution Bulletin, 2014, 85(2): 733 - 737.

[54] Kanchanapally R, Viraka Nellore B P, Sinha S S, et al. Antimicrobial peptide-

石墨烯生物技术

conjugated graphene oxide membrane for efficient removal and effective killing of multiple drug resistant bacteria[J]. RSC Advances, 2015, 5(24): 18881 – 18887.

[55] Mural P K S, Sharma M, Shukla A, et al. Porous membranes designed from biphasic polymeric blends containing silver decorated reduced graphene oxide synthesized *via* a facile one-pot approach[J]. RSC Advances, 2015, 5(41): 32441 –32451.

[56] Ruiz O N, Brown N A, Fernando K S, et al. Graphene oxide-based nanofilters efficiently remove bacteria from fuel [J]. International Biodeterioration & Biodegradation, 2015, 97: 168 – 178.

[57] Wang Y, Zhang P, Liu C F, et al. A facile and green method to fabricate graphene-based multifunctional hydrogels for miniature-scale water purification [J]. RSC Advances, 2013, 3(24): 9240 – 9246.

[58] Zeng X, Mccarthy D T, Deletic A, et al. Silver/reduced graphene oxide hydrogel as novel bactericidal filter for point-of-use water disinfection [J]. Advanced Functional Materials, 2015, 25(27): 4344 – 4351.

[59] Sametband M, Kalt I, Gedanken A, et al. Herpes simplex virus type-1 attachment inhibition by functionalized graphene oxide [J]. ACS Applied Materials & Interfaces, 2014, 6(2): 1228 – 1235.

[60] Akhavan O, Choobtashani M, Ghaderi E. Protein degradation and RNA efflux of viruses photocatalyzed by graphene-tungsten oxide composite under visible light irradiation[J]. The Journal of Physical Chemistry C, 2012, 116(17): 9653 – 9659.

[61] Hu X, Mu L, Wen J, et al. Covalently synthesized graphene oxide-aptamer nanosheets for efficient visible-light photocatalysis of nucleic acids and proteins of viruses[J]. Carbon, 2012, 50(8): 2772 – 2781.

第 9 章

**石墨烯的生物
安全性**

自 2004 年首次被发现以来,石墨烯因为其优异的理化特性,在物理学、化学、材料科学等领域备受重视,并且得到了长足的发展。随着石墨烯基材料大规模的生产和使用,石墨烯基材料的生物安全性问题变得尤为突出和重要。

在生物医学领域,人们已经开始了石墨烯基材料的多种应用研究,比如在组织工程、药物递送和癌症治疗等中的应用。很多研究声称石墨烯基材料具有良好的生物相容性,但同时还有一些研究声称石墨烯基材料在生产和使用过程中,会对人类健康和生态环境带来一定的危害。目前人们对石墨烯基材料的毒性的研究仍旧十分有限(图9-1),其对人的健康构成的风险很大程度上未被探索。生物学中使用的石墨烯基材料,从使用的角度可以分为两类,一类是作为药物的载体或者支撑材料,另一类则是用于传统材料的表面修饰。在生物学中使用的石墨烯基材料多为氧化石墨烯和还原氧化石墨烯,本章将主要综述近年来这两类石墨烯基材料的生物安全性相关的研究,希望为石墨烯基材料的应用,尤其是在生物医学中的应用提供一定的参考。

图9-1 近年来石墨烯基材料毒性相关研究出版物和石墨烯相关全部出版物数量的对比[1]

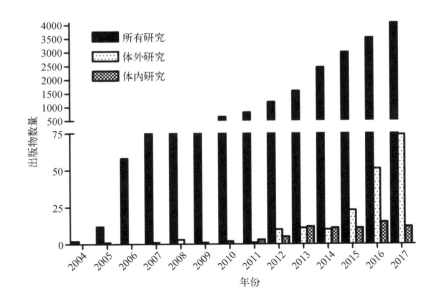

9.1 石墨烯基材料的生物效应

GO 和 rGO 材料在研究中都被发现具有一定的毒性[细胞毒性、脱氧核糖核酸(Deoxyribonucleic Acid，DNA)损伤和氧化应激]，但两者的毒性机理却不尽相同。亲水的 GO 的毒性主要表现为和还原型辅酶Ⅱ(Reduced Nicotinamide Adenine Dinucleotide Phosphate，NADPH)氧化酶相关的活性氧(ROS)的形成，并引起抗氧化剂、DNA 修复及凋亡相关基因的高度失调。而疏水的 rGO 被发现其通常仅吸附在细胞表面，基本不参与 ROS 的产生，对基因的调控影响也很小。对全基因表达和细胞信号通路的研究表明：对于 GO，经转化生长因子-β1(Transforming Growth Factor - β1，TGF - β1)参与的信号传递通路在其毒性机理上起到了重要的作用；对于 rGO，其产生宿-主病原体(病毒)相互作用及先天性免疫反应则是通过核因子-κB(Wuclear Factor - κB，NF - κB)参与的信号传递通路起作用的。

总而言之，GO 和 rGO 本身结构和特性的不同导致了它们具有不同的毒性。有研究表明这一差异与石墨烯基材料的表面氧化态和碳自由基的含量有关[2]，碳自由基的密度越高其细胞毒性表现得越明显。除此之外，各种营养物质的吸附也可能是造成石墨烯基材料具有毒性的另一个因素。石墨烯基材料对吸附其上的细胞毒性反应主要表现为限制细胞营养物质的利用率和促进 ROS 的产生[3]。此外，一些可能对细胞活性有影响的氨基酸和生物分子会被吸附到石墨烯基材料的表面，这也许会对细胞的培养产生一定的影响[4]。图 9-2 为石墨烯对哺乳动物细胞的毒性机制。石墨烯可以通过不同的方式进入细胞，其中直接穿透细胞膜的方式会导致细胞膜的物理损伤。一旦进入细胞，石墨烯会导致 ROS 含量增加，诱发氧化应激，进而导致线粒体膜电位发生改变。石墨烯作为电子受体，可以干扰电子传递链，从而抑制三磷酸腺苷(Adenosine Triphosphate，ATP)的合成。ROS 含量的增加会导致 DNA 的损伤；细胞释放的炎症因子会导致炎症反应，DNA 损伤、氧化应激和炎症反应最终将导致细胞的凋亡。

图 9-2 石墨烯对哺乳动物细胞的毒性机制[5]

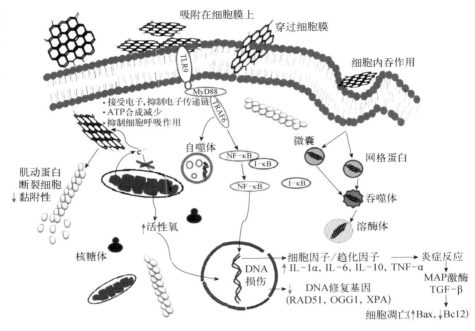

1. 细胞毒性和氧化应激反应

在 GO 对人真皮成纤维细胞(Human Dermal Fibroblast,HDF)的毒性研究中[6],将 HDF 和不同浓度的 GO(10 μg/mL、20 μg/mL、50 μg/mL、100 μg/mL)一起培育 24 h。GO 浓度为 50 μg/mL 时,发现了明显的细胞毒性,细胞的存活率降低,凋亡率升高。观察表明,进入细胞的 GO 大部分分布在细胞质中,只有少量的 GO 进入细胞核内。细胞质中的 GO 则主要分布在溶酶体、线粒体和内质网内。细胞摄入的 GO 的量会随着 GO 的浓度和细胞培养时间的增加而增加。GO 的摄入还会导致细胞黏附性降低,进而导致细胞从培养皿的壁上脱落。一些与细胞黏附性相关的蛋白,如层粘连蛋白(Laminin)、纤维粘连蛋白(Fibronectin)和黏着斑激酶(Focal Adhesion Kinase,FAK),在和 GO 共培养的细胞中的表达明显降低。另外实验中还发现一些类似凋亡形态的细胞,这些细胞形成了包裹 GO 的囊泡,细胞的边界变得不清晰,细胞变圆且从培养皿上脱落。

对于石墨烯基材料体外毒性的研究表明,GO 会导致氧化应激相关的细胞毒性。即使在很低的 GO 浓度下,虽然 A549 细胞的活性没有受到明显的影响,但

是细胞中 ROS 浓度却显著升高[7]。在 HepG2 细胞的研究中,细胞分别与 GO 和羧基化石墨烯纳米薄片共同培养,结果显示细胞中的 ROS 的含量随着石墨烯基材料的浓度和细胞培养时间的增加而升高。即使在很低的浓度下($4\ \mu g/mL$),这两类纳米材料仍能通过直接穿透磷脂双层膜的方式进入细胞,从而引起细胞膜的损坏。有趣的是,这些细胞可以产生一些后续的预防措施,防止石墨烯基材料对细胞产生进一步的损伤,比如为防止更多的石墨烯基材料穿透细胞膜进入细胞内,细胞膜上会生成厚的中间纤维(Intermediate Filament,IF)来增强细胞膜的强度[8]。一旦进入细胞内,GO 和羧基化石墨烯纳米片便会被细胞质中的囊泡包裹,从而避免与细胞内的其他细胞器相互作用,降低对细胞的损伤程度。

GO 在细胞内会导致线粒体的呼吸率升高,从而导致细胞 ROS 含量升高,在这一过程中,线粒体扮演了重要的角色。有研究表明[9],GO 可在细胞呼吸作用的电子传递链中充当电子供体,为一些蛋白复合体提供电子,即提高了整体的呼吸率水平,从而导致细胞内的 ROS 含量的提高。暴露在 GO 环境时,细胞内 ROS 增加,抗氧化酶、超氧化物歧化酶(Superoxide Dismutase,SOD)活性降低,产生了氧化应激,最终可能会导致细胞的凋亡。

总之,不同类型的细胞在与石墨烯基材料接触的过程中,产生的毒性反应也不尽相同。在聚乙二醇修饰的石墨烯纳米带的毒性研究中,不同的细胞系(如海拉细胞、NIH‐3T3 细胞和 MCF‐7 细胞)显示出不同的毒性反应。其中海拉细胞即使在该纳米材料浓度很低的条件下,也容易受到影响。研究还表明细胞摄入的该纳米材料的总量越大,毒性也变得越明显[10]。

2. 对线粒体活动的影响

在细胞与石墨烯纳米颗粒接触的过程中,通常可以观察到线粒体膜电位的去极化。该现象是由于线粒体的结构或功能的完整性受到了破坏,这种破坏最终会导致 ROS 的产生和细胞凋亡因子的释放。据报道[11],原始石墨烯的细胞毒性主要表现为可以激活一些促凋亡因子并且增大线粒体的通透性,破坏了线粒体膜的完整性。随着这些促凋亡因子从线粒体释放到细胞质当中,一系列的凋

亡反应被激活,并最终导致细胞的凋亡。

有研究证实,石墨烯可以干扰电子传递链中的蛋白复合物的正常工作[12]。由于石墨烯的特殊电学特性,石墨烯可以破坏电子传递链中的铁硫簇的电子传递。电子传递链活动的减弱将直接抑制 ATP 的合成。这一发现为抗肿瘤提供一个新的思路,石墨烯基材料进入细胞可以导致 ATP 合成的减少,ATP 不足会导致纤维状肌动蛋白(F-actin)的合成减少,造成细胞形成较少的板状伪足,最终影响肿瘤细胞的迁移和侵袭。此外,GO 在溶酶体内的聚集以及对线粒体的损坏会导致细胞的代谢紊乱,最终引起细胞的死亡。

3. 溶血和凝血

研究石墨烯纳米基材料和红细胞的相互作用具有重要的意义,因为纳米微粒在循环系统中不可避免地遇到红细胞。溶血实验是评估纳米微粒的红细胞生物相容性的方法中使用最广泛的方法。石墨烯的表面电荷量、含氧量和粒径等因素决定了其血液相容性。GO 和石墨烯薄片(Graphene Sheet,GS)都会导致红细胞的溶血,其中 GO 的溶血现象更明显。GO 的负电基团和红细胞膜上的正电基团相互吸引,使得 GO 在红细胞的细胞膜上吸附,从而使得溶血变得更加严重。GS 则由于其含氧负电基团较少,不容易吸附到红细胞表面,但实验中发现 GS 可引起凝血反应。在 GO 上包覆一层生物相容的甲壳质可以通过屏蔽静电作用降低其在红细胞上的吸附,减弱溶血反应[3]。

有研究强调[13],GO 在应用到生物医学领域之前,其促血栓活性必须得到准确评估。该研究观察到,GO 可以通过增强纤维蛋白原与细胞表面整联蛋白受体的结合来引起血小板的聚集。GO 通过增加细胞内钙水平和激活 Src 激酶(一种非受体酪氨酸激酶)诱导血小板活化,激活的血小板通过释放腺苷二磷酸(Adenosine Diphosphate,ADP)和血栓素 A2,最终引发一系列的凝血反应。该研究还观察到注射 250 μg/mL 的 GO 会导致小鼠肺栓塞。

4. 炎性细胞因子的释放

即使石墨烯浓度在亚细胞毒性浓度(20 μg/mL)以下,石墨烯也被报道可通

过触发促分裂原活化蛋白激酶（Mitogen Activated Protein Kinase，MAPK）和TGF通路来诱导巨噬细胞的死亡，它还通过活化 NF－κB 和 Toll 样受体（Toll-like Receptor，TLR）介导的途径来诱导几种细胞因子和趋化因子的释放。用亚细胞毒性浓度的石墨烯处理巨噬细胞，会增强促炎性细胞因子的表达和释放。mRNA 水平的研究表明，暴露在石墨烯中，巨噬细胞内三种促炎性细胞因子 IL－1β、诱导型一氧化氮合酶（inducible Nitric Oxide Synthase，iNOS）和环氧合酶（Cyclooxygenase，COX－2）的基因表达水平会提高。石墨烯处理也会影响细胞内的纤维状肌动蛋白合成并诱导细胞膜皱褶。石墨烯还会影响巨噬细胞的伪足的形成，降低细胞的黏附性[14]。

还有研究报道了类似的结果，用石墨烯纳米片处理 THP－1 细胞，一些炎症因子的基因表达水平会升高[15]。

5. 细胞自噬和凋亡

巨噬细胞暴露在 GO 下，还会通过 TLR 相关的通路产生细胞自噬[16]，TLR 4 和 TLR 9 是该过程中被显著激活的两种受体，这两个受体的激活将会激活 MyD88 和 TRAF－6，最终促进自噬体的形成。GO 处理下，细胞内的 NF－κB 的抑制剂 I－κB 将会磷酸化，会导致 I－κB 泛素化和被蛋白酶溶解，从而释放出游离的 NF－κB。游离的 NF－κB 可以从细胞质迁移到细胞核，并和靶基因的启动子区域结合，从而激活其转录[17]。NF－κB 主要激活干扰素（Interferon－γ，IFN－γ）和肿瘤坏死因子（Tumor Necrosis Factor，TNF－α）的转录。细胞暴露在 GO 后，细胞自噬的标志性基因如 Beclin－1 和 LC3－Ⅱ也会有明显的表达。

光动力学治疗是一种使用光敏剂的技术，光敏剂在接受光照射时激活并产生单线态氧，可以用来选择性地杀死肿瘤细胞[18]。石墨烯量子点（Graphene Quantum Dot，GQD）可以在光激发下产生单线态氧，故也可以作为光敏剂，用于光动力学治疗。GQD 具有优异的光致发光特性，并且有接受或提供电子的能力。GQD 本身可以作为 ROS 的猝灭剂，同时在有蓝光照射的条件下又可以产生 ROS[19]。在光刺激下，GQD 可以激活细胞的凋亡。GQD 的细胞毒性主要是

由于产生超氧阴离子和单线态氧,从而产生氧化应激,然后进一步引发细胞的自噬。实验表明,GQD可以用于光动力学治疗来消除体内不需要的细胞,但其潜在的毒性仍需要得到足够的关注。

研究发现原始石墨烯通过激活MAPK的信号通路来诱导细胞凋亡[11]。暴露于本征石墨烯中,巨噬细胞中会产生ROS,进而激活细胞凋亡信号调节激酶1(Apoptosis Signal Regulating Kinase 1,ASK1),该激酶进一步激活JNK和p38的MAPK通路。激活的p38会进入细胞核中,促进MAPK活化的蛋白质激酶2(MAPK - Activated Protein Kinase 2,MK2)的表达,然后诱导TNF - α的合成。该研究还证明了本征石墨烯也可以通过TGF - β诱导细胞凋亡。暴露于石墨烯后,TGF - β激活Bcl - 2家族的一些促凋亡因子来激活调节细胞凋亡的Smad蛋白,从而引发细胞的凋亡。

6. 遗传毒性

纳米微粒诱导的DNA损伤可以通过单细胞凝胶电泳(Single Cell Gel Electrophoresis,SCGE)实验进行研究。该方法可用于观测DNA单链和双链的断裂[20],受损的DNA链在电泳时滞后并形成彗星样的尾部,尾部的长短对应于DNA损伤的严重程度。有研究报道GO对细胞的遗传毒性与浓度相关[21],在SCGE实验中观察到了尾部长度随着GO浓度增加而增长的现象。

体外诱变研究表明[22],GO会和基因组DNA相互作用,原基因组DNA的含量随着GO的浓度增加而减少,原基因组DNA含量在GO浓度达到$600~\mu g/mL$时完全消失。即使浓度在纳克每毫升量级时,GO也能诱导37%的突变。主要是T$\longrightarrow$C、C$\longrightarrow$T、G$\longrightarrow$A、A$\longrightarrow$G、G$\longrightarrow$T、A$\longrightarrow$T、A$\longrightarrow$C的突变和G的缺失。此外,在DNA损伤控制、细胞周期、代谢和凋亡中起关键作用的基因表达模式似乎也受到了影响。研究者在小鼠暴露于GO环境的实验中,可以观察到随着GO浓度的增加,细胞中的微核形成量也在增加,这表明GO是一种有效的诱变剂。GO的平面结构非常类似于DNA的嵌入剂,因此它可以插入碱基之间,影响遗传信息的正常传递。另外,还有研究报道用PEG修饰GO也可以阻滞细胞周期进而引起细胞的凋亡[23]。

9.2 动物毒性

为避免有害的副作用,纳米颗粒的体内毒性研究必须在医学应用之前谨慎完成。在进行任何人类临床试验之前,应在啮齿动物和非啮齿类动物中进行体内预先临床安全性研究。有不少研究报道了石墨烯家族材料的毒性和生物相容性。与体外研究相比,剂量和表面修饰是决定纳米材料在生物体中的分布和毒性的两个主要考虑因素。本小节将讨论一些石墨烯基材料在体内毒性研究的例子。

一项研究[6]测试了不同剂量的 GO(0.1 mg、0.25 mg 和 0.4 mg)通过尾静脉注入小鼠体内。当注射小剂量的 GO(0.1 mg 和 0.25 mg)时,没有观察到明显的毒性反应;当注射剂量为 0.4 mg 时,可以观察到小鼠虚弱和体重下降的现象。研究的 9 只小鼠中,有 4 只在给药的第一周死亡,通过病理学分析发现其气管出现阻塞并导致窒息。观察中发现小鼠的嗜中性粒细胞增多,上皮样肉芽肿与多核巨细胞和嗜酸性粒细胞的积聚,标志着出现了明显的炎症反应。实验还发现,大量的炎性细胞浸润于肺间质中,导致肺泡间隔增厚,肺泡间出现裂缝。大部分注射的 GO 主要聚集在肺、肝和脾中,在脑组织中没有发现,表明注射的GO 不能穿透血脑屏障。另外,在肾脏中仅观察到少量的 GO,表明 GO 不能通过肾脏排出。

纳米材料的表面修饰会影响其在动物体内的分布,进而影响其毒理学特性。大量研究表明,纳米材料的表面修饰可以提高其生物相容性和延长血液滞留时间。有研究[24]使用了葡聚糖包裹石墨烯,将葡聚糖官能化的石墨烯纳米薄片以1～500 mg/kg(体重)的浓度注射到大鼠的尾静脉中。研究发现,最大耐受量为50～125 mg/kg(体重)。高剂量给药会导致大鼠的死亡,心源性死亡和肺淤血是主要的死亡原因,在实验中没发现体重或者行为的变化。

在另一项研究[25]当中,将 ^{125}I 放射性标记的 PEG 功能化的 GO 和 rGO 灌胃给小鼠并观察其在生物体内的分布。灌胃 4 h 后,在胃和肠中观察到了高水平的

放射性,然后放射性在正常饲喂1天后减少。这表明PEG修饰的石墨烯基材料没有被消化系统有效吸收,并且纳米颗粒在饲喂后可以排泄出来。该项研究也探究了同一材料在腹腔给药的情况下在生物体内的分布。与口服不同的是,腹腔注射导致石墨烯纳米颗粒在肝脏和脾脏中出现了富集,并且在注射30天后仍能观察到沉积在肝脏和脾脏上的微粒。巨噬细胞通过网状内皮系统摄取石墨烯纳米颗粒,在腹腔注射的结果中发挥了重要的作用。

类似地,还有一项研究[9]将Pluronic分散的石墨烯薄片通过气管滴注给小鼠施用。滴注24 h后可以观察到小鼠肺炎的症状。在给药21天后,可观察到严重的肺部炎症,蛋白质渗入肺泡腔内,并观察到炎症因子水平的升高。另外血浆凝血酶和抗凝血酶复合物显著增加,这将提高心脏病发作的风险。此外,聚集的大尺寸石墨烯薄片不能被巨噬细胞清除,这些薄片引发了支气管的阻塞,导致了周围组织的纤维化和炎症。

为了研究GO的眼内生物相容性,有研究者在兔的眼球上进行了实验。向兔眼的玻璃体内注射了GO,注射后眼球外观、眼压、视力和眼科切片均没有发现明显的变化。这项研究表明,GO可以作为治疗眼底肿瘤的药物载体[26]。

研究表明PEG官能化的石墨烯纳米薄片静脉给药的药代动力学结果符合两室模型[25],第一阶段和第二阶段的血液循环半衰期分别为(0.39 ± 0.097) h 和 (6.97 ± 0.62) h。注射的石墨烯纳米薄片可在许多器官中观察到,但主要分布在网状内皮系统上,并最终通过肾脏和粪便排出。

类似地[27],将用DOTA(1,4,7,10-四氮杂环十二烷-1,4,7,10-四乙酸)修饰的GO静脉注射给小鼠,在注射后1 h,膀胱中观察到明显信号。肝脏的摄入发生在注射后4~24 h,24 h后开始在脾脏上出现GO颗粒。该研究说明GO似乎可以从尿液中排出,可能是因为小而薄的GO卷起来可以通过肾小球,而较大的GO则被脾细胞吞噬。

尽管使用放射性标记技术进行石墨烯的长期体内生物分布研究比基于荧光的方法值得信赖,但是这种方式需要监测放射性物质在体内条件下的稳定性。因此,直接观察石墨烯基材料是研究其从体内清除过程的最可靠的方式。

到目前为止,对石墨烯毒性的研究大都集中在石墨烯基材料在生物体内的

分布和系统毒性上,但是发育毒性是纳米材料毒性研究较少的领域之一。关于石墨烯基材料影响胚胎发育的文献相对较少。有一项研究[28]将斑马鱼胚胎暴露在50 mg/L的GO环境中,鱼卵孵化变慢,胚胎还表现为一些形态上的缺陷,比如弯曲的脊柱和尾部的畸形等,这意味着石墨烯基材料存在潜在的生物发育毒性。

9.3　人类健康和生态环境

当前石墨烯基材料的生产和使用量在快速的增长,故研究石墨烯基材料对生态环境的影响变得十分重要和迫切。大量的研究报道了石墨烯基材料在细胞水平和动物水平上的毒性,但是,人类接触石墨烯基材料时造成的风险仍未充分探究。人类可以暴露在各种来源的石墨烯基材料中,尤其是生产过程中可能会导致石墨烯基材料的吸入毒性。图9-3展示了人类接触石墨烯基材料的一些可能的途径。

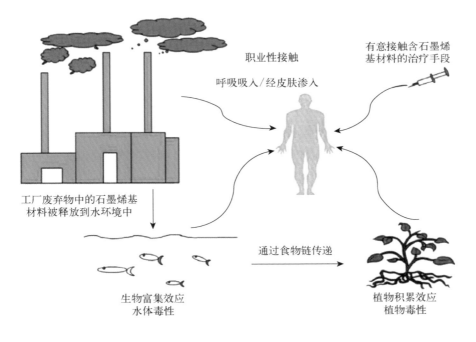

职业性接触
呼吸吸入/经皮肤渗入
有意接触含石墨烯基材料的治疗手段
工厂废弃物中的石墨烯基材料被释放到水环境中
通过食物链传递
生物富集效应
水体毒性
植物积累效应
植物毒性

图9-3　人类接触石墨烯基材料的可能途径[5]（包括接受一些石墨烯基材料的治疗;在石墨烯基材料生产过程中的接触;石墨烯基材料进入生态系统后,可经由食物链被人类摄入）

据报道,由于 GO 在地表水中高度稳定,加之这些纳米材料从生产地泄漏到自然环境中几乎不可避免,因此,生态系统的生物成分和非生物成分都可能受到影响。大多数情况下,由于石墨烯基材料在湖泊和河流中拥有高度的持久性和流动性[29],所以对水生生物的危险性非常高。因此对这些纳米材料必须定期进行风险评估,并且在市场营销之前对其进行彻底的调查。了解石墨烯基材料释放到生态系统的来源,以及减少生态系统中污染物的积累等措施的施行,对于自然环境的保护具有很重要的意义。

9.4　减小危害的手段

大量的实验结果表明,GO 和石墨烯的毒性与其和细胞膜的相互作用直接相关,石墨烯基材料有可能破坏细胞膜的结构。研究发现,石墨烯在 10% 胎牛血清(Fetal Bovine Serum,FBS)中的毒性较低[30],可以观察到石墨烯纳米颗粒上有蛋白的吸附,这说明蛋白冠的形成在降低 GO 毒性方面具有潜在作用。获得良好的生物相容性对于生物学和制药应用来说更为重要,可以通过使用生物相容性聚合物功能化石墨烯基材料表面来实现,以使石墨烯基材料更容易溶于水,并且同时改善了其在一系列极性溶液中的溶解度。用于增强 GO 和 rGO 稳定性的分散剂的选择也会影响到其生物相容性[31]。

GO 还原过程中使用的还原剂(如水合肼、氢醌)可能会污染生产出的石墨烯基材料,这使得还原得到的石墨烯基材料比处理前的 GO 更具毒性。目前有研究提出了一些避免有毒还原剂来生产 rGO 的绿色合成路线,比如,使用维生素 C 来还原 GO[32],维生素 C 不仅可以还原 GO,其本身还可以作为 rGO 的分散剂,防止 rGO 的聚集。使用 L-色氨酸可以稳定分散 rGO 薄片,使用这种方法合成的 rGO 分散体相对稳定且无毒[33]。再如,从石墨制备石墨烯纳米薄片过程中只使用水[34],可以减少生产过程中其他化学制剂对环境的污染。此外还有一些生物手段还原氧化石墨烯的方法被提出[35],以尽可能地减少对环境的污染。

9.5   总结和展望

　　石墨烯基材料的生产和使用正在蓬勃发展,但是其生物安全性的评估仍待完善,当下还很难总结出其潜在的健康危害,其对环境和人的健康的影响很有可能在大规模应用了很长一段时间后才会展现出来。正如 20 世纪发明的塑料,最初被认为是传奇的材料,在今日也深刻地影响着人类的生活,但其对自然界的影响近些年来才开始进入大众的视野。石墨烯作为一种神奇的材料,又被称为 21 世纪的明星材料,其在生物医学上有着广阔的应用前景,研究者们应当充分发挥材料的优异特性,并且控制其毒性,以推动石墨烯基材料将来的应用。

参考文献

[1]　Pelin M,Sosa S,Prato M,et al. Occupational exposure to graphene based nanomaterials:risk assessment[J]. Nanoscale, 2018,10(34):15894 - 15903.

[2]　Li R B,Guiney L M,Chang C H,et al. Surface oxidation of graphene oxide determines membrane damage, lipid peroxidation, and cytotoxicity in macrophages in a pulmonary toxicity model[J]. ACS Nano, 2018,12(2):1390 - 1402.

[3]　Liao K H,Lin Y S,Macosko C W,et al. Cytotoxicity of graphene oxide and graphene in human erythrocytes and skin fibroblasts[J]. ACS Applied Materials & Interfaces, 2011,3(7):2607 - 2615.

[4]　Rajesh C,Majumder C,Mizuseki H,et al. A theoretical study on the interaction of aromatic amino acids with graphene and single walled carbon nanotube[J]. The Journal of Chemical Physics,2009,130(12):124911.

[5]　Syama S, Mohanan P V. Safety and biocompatibility of graphene:A new generation nanomaterial for biomedical application[J]. International Journal of Biological Macromolecules, 2016,86:546 - 555.

[6]　Wang K,Ruan J,Song H,et al. Biocompatibility of graphene oxide[J]. Nanoscale Research Letters, 2011,6(1):8.

[7]　Chang Y L,Yang S T,Liu J H, et al. *In vitro* toxicity evaluation of graphene

oxide on A549 cells[J]. Toxicology Letters, 2011, 200; 201 – 210.

[8] Lammel T, Boisseaux P, Fernández-Cruz M L, et al. Internalization and cytotoxicity of graphene oxide and carboxyl graphene nanoplatelets in the human hepatocellular carcinoma cell line Hep G2[J]. Particle and Fibre Toxicology, 2013, 10(1); 27.

[9] Duch M C, Budinger G R S, Liang Y T, et al. Minimizing oxidation and stable nanoscale dispersion improves the biocompatibility of graphene in the lung[J]. Nano Letters, 2011, 11(12); 5201 – 5207.

[10] Chowdhury S M, Lalwani G, Zhang K, et al. Cell specific cytotoxicity and uptake of graphene nanoribbons[J]. Biomaterials, 2013, 34(1); 283 – 293.

[11] Li Y, Liu Y, Fu Y J, et al. The triggering of apoptosis in macrophages by pristine graphene through the MAPK and TGF-beta signaling pathways[J]. Biomaterials, 2012, 33(2); 402 – 411.

[12] Zhou H J, Zhang B, Zheng J J, et al. The inhibition of migration and invasion of cancer cells by graphene via the impairment of mitochondrial respiration[J]. Biomaterials, 2014, 35(5); 1597 – 1607.

[13] Singh S K, Singh M K, Nayak M K, et al. Thrombus inducing property of atomically thin graphene oxide sheets[J]. ACS Nano, 2011, 5(6); 4987 – 4996.

[14] Zhou H J, Zhao K, Li W, et al. The interactions between pristine graphene and macrophages and the production of cytokines/chemokines via TLR-and NF-κB-related signaling pathways[J]. Biomaterials, 2012, 33(29); 6933 – 6942.

[15] Schinwald A, Murphy F A, Jones A, et al. Graphene-based nanoplatelets; A new risk to the respiratory system as a consequence of their unusual aerodynamic properties[J]. ACS Nano, 2012, 6(1); 736 – 746.

[16] Chen G Y, Yang H J, Lu C H, et al. Simultaneous induction of autophagy and toll-like receptor signaling pathways by graphene oxide[J]. Biomaterials, 2012, 33 (27); 6559 – 6569.

[17] Beinke S, Ley S C. Functions of NF-κB1 and NF-κB2 in immune cell biology[J]. Biochemical Journal, 2004, 382(Pt 2); 393 – 409.

[18] Agostinis P, Berg K, Cengel K A, et al. Photodynamic therapy of cancer; An update[J]. CA; A Cancer Journal for Clinicians, 2011, 61(4); 250 – 281.

[19] Christensen I L, Sun Y P, Juzenas P. Carbon dots as antioxidants and prooxidants [J]. Journal of Biomedical Nanotechnology, 2011, 7(5); 667 – 676.

[20] Olive P L, Durand R E. Detection of hypoxic cells in a murine tumour with the use of the comet assay[J]. Journal of the National Cancer Institute, 1992, 84(9); 707 – 711.

[21] Wang A X, Pu K F, Dong B, et al. Role of surface charge and oxidative stress in cytotoxicity and genotoxicity of graphene oxide towards human lung fibroblast cells [J]. Journal of Applied Toxicology, 2013, 33(10); 1156 – 1164.

[22] Liu Y Y, Luo Y, Wu J, et al. Graphene oxide can induce *in vitro* and *in vivo*

mutagenesis[J]. Scientific Reports, 2013, 3: 3469.

[23] Ren H L, Wang C, Zhang J L, et al. DNA cleavage system of nanosized graphene oxide sheets and copper ions[J]. ACS Nano, 2010, 4(12): 7169 - 7174.

[24] Kanakia S, Toussaint J D, Chowdhury S M, et al. Dose ranging, expanded acute toxicity and safety pharmacology studies for intravenously administered functionalized graphene nanoparticle formulations[J]. Biomaterials, 2014, 35 (25): 7022 - 7031.

[25] Yang K, Wan J M, Zhang S, et al. *In vivo* pharmacokinetics, long-term biodistribution, and toxicology of PEGylated graphene in mice[J]. ACS Nano, 2011, 5(1): 516 - 522.

[26] Yan L, Wang Y P, Xu X, et al. Can graphene oxide cause damage to eyesight? [J]. Chemical Research in Toxicology, 2012, 25(6): 1265 - 1270.

[27] Jasim D A, Ménard-Moyon C, Bégin D, et al. Tissue distribution and urinary excretion of intravenously administered chemically functionalized graphene oxide sheets[J]. Chemical Science, 2015, 6(7): 3952 - 3964.

[28] Chen L Q, Hu P P, Zhang L, et al. Toxicity of graphene oxide and multi-walled carbon nanotubes against human cells and zebrafish[J]. Science China Chemistry, 2012, 55(10): 2209 - 2216.

[29] Lanphere J D, Rogers B, Luth C, et al. Stability and transport of graphene oxide nanoparticles in groundwater and surface water[J]. Environmental Engineering Science, 2014, 31(7): 350 - 359.

[30] Hu W B, Peng C, Lv M, et al. Protein *Corona*-mediated mitigation of cytotoxicity of graphene oxide[J]. ACS Nano, 2011, 5(5): 3693 - 3700.

[31] Wojtoniszak M, Chen X C, Kalenczuk R J, et al. Synthesis, dispersion, and cytocompatibility of graphene oxide and reduced graphene oxide[J]. Colloids and Surfaces B, Biointerfaces, 2012, 89: 79 - 85.

[32] Gao J, Liu F, Liu Y L, et al. Environment-friendly method to produce graphene that employs vitamin C and amino acid[J]. Chemistry of Materials, 2010, 22(7): 2213 - 2218.

[33] Zhu C Z, Guo S J, Fang Y X, et al. Reducing sugar: New functional molecules for the green synthesis of graphene nanosheets[J]. ACS Nano, 2010, 4(4): 2429 - 2437.

[34] Ding J H, Zhao H R, Yu H B. A water-based green approach to large-scale production of aqueous compatible graphene nanoplatelets[J]. Scientific Reports, 2018, 8(1): 5567.

[35] Wang G M, Qian F, Saltikov C W, et al. Microbial reduction of graphene oxide by Shewanella[J]. Nano Research, 2011, 4(6): 563 - 570.

索 引

B

靶向性　16,137,139,140,142,143
包裹隔离　158,161
表面等离激元　25,34,35,37,139
表面增强拉曼散射　71,76
病毒载体　99
捕获-杀死　160

C

C2C12 成肌细胞　126,128
CpG 寡脱氧核苷酸　102
场效应晶体管　18,25,31－34,48－52,56－58,62
超洁净　8,33
成骨细胞　116,117,120,122,123
弛豫率　78,79,82,83
穿透深度　73,75,76,80,144－146
磁刺激响应型　97,98
磁共振成像　14,16,58,59,69,78,79,82,141,145
促炎性细胞因子　184

D

DOX　13,76,92,94,96－98,142－144
大肠杆菌　153,155,159,161,165,167－169
单光子荧光成像　73,75
单链 DNA　13,17,28,36,38,99
电刺激　43,52－54,59,60,62,113,120,122,126,128
电荷传导　160
电化学传感器　25－27,30,52
动态对比增强磁共振　78
毒副作用　91,137,138,140,142,143
短杆菌肽　168
多模态成像　69,81,83,145

F

发育毒性　188
放射性核素标记　70,76,82
放射性核素成像　76,78
非共价修饰法　12
分子探针　69,70
氟化石墨烯　79,117,120

G

GelMA　124
钙成像　52
干细胞　113－115,117,118,120,122,124－126,129,130
干细胞分化　114,117,122